# 新訂 算数科教育の研究と実践

# は　し　が　き

本書は，九州算数教育研究会（編）「改訂　算数科教育の研究と実践」を，学習指導要領改訂にあわせて全面的に書き換え，「新訂　算数科教育の研究と実践」として出版するものである。以下には，前書の意図などを改めて述べ前書の引き継ぎの証とするとともに，本書に関する簡単な紹介等を述べたい。

本書は，将来小学校教育に携わろうと志している学生諸君や現職の小学校の先生方のために，算数科教育について編集したものであるが，その他，小学校の算数科教育に関心をお持ちの方々にとって参考になれば幸いである。執筆した者は，いずれも九州地区の教育大学や教員養成のための学部で，算数科教育に関する講義を担当している者から構成されている。そのために，算数科の内容に関わる数学の理論的な面だけでなく，指導の実践的な面も含めた教育的視点から算数科教育の考察を行った。

算数という教科は，内容が単純で教えやすいと考えられがちであるが，いざ教えようとすると思ったほど簡単ではない。極めて簡単に思える事柄でも，その事柄の成立過程や理解の筋道は大変複雑であって，指導の仕方は容易ではない。その上，算数の内容は幾つかの事例に基づいて１つずつ創り出しながら集大成していくものであると考えられる。したがって，算数の学習指導は細心の注意をはらって行われなければならない。そのためには，教材の数学的な意味は勿論のこと，認識の過程についても十分な配慮をはらった指導をしなければならない。本書は，このような問題の解決に役立つことを願って著述されたのである。

算数教育に対する社会の要請は，時代に伴い変化してきた。「読み・書き・そろばん」といわれるように，算数教育が初等教育の基本的な要素と考えられたことは昔から一貫しているが，計算技能の習熟が強調されたり，他教科を学習するための用具教科と見なされたり，数学的な考え方が重視されたりもした。このように算数教育は，それぞれの時代の要請によってその目標が決まってくる。また，数学という学問の国際性を考えると，諸外国の教育研究や教育実践がわが国の算数教育にも影響を及ぼすことは当然である。近年，PISA調査等で「数学的リテラシー」が強調されていることはその典型であり，その影響で「活用力の育成」が求められてきているのである。

このような背景の下で，小学校学習指導要領が平成29年３月31日に改訂された。今回の改訂は，知識・技能ベースから資質・能力ベースに移行したものであり，育成を目指す資質・能力を，①知識及び技能，②思考力，判断力，表現力等，③学びに向かう力，人間性等の三つの柱に基づいて示したものである。内容面では，領域編成に大きな変更がなされており，従前の「量と測定」領域に含められていた内容が，１～３年の「測定」領域と４～６学年の「図形」領域や「変化と関係」領域に移行されている。また，従前の「数量関係」領域に含められていた内容は，関数的内容は「変化と関係」領域へ，統計的内容は今般充実が図られた「データの活用」領域に位置付けられている。

学習過程や学習方法についても新たな提言がなされており，従前の「算数的活動」は「数学的活動」に変わり，その充実を具体化するとともに，資質・能力を育成する指導改善に資するために「算数・数学の問題発見・解決の過程」が示されている。このように算数教育に対する要請の変化に影響されて指導の考え方や方法も変化することになるが，これらの点についても十分配慮したつもりである。

本書は，このような意味からも，算数科教育への入門書，あるいは手引書としての役割を果たすことであろう。

本書は，大きく２つの部分から構成されている。その第１部は，算数教育の総論であり，第２部は算数教育の内容論である。第１部は４つの章から構成され，第１章では算数教育の目標を歴史と関連づけながら述べ，第２章では算数科学習指導の基礎を，第３章では算数科学習指導の展開を，そして第４章では，算数科の学習指導と評価について述べている。第２部は５つの章から構成されており，算数科の領域別に，「数と計算」（第５章），「図形」（第６章），「測定」（第７章），「変化と関係」（第８章）そして「データの活用」（第９章）について述べている。

もとより本書の全体を通読していただくことを希望するが，各章，各部分がそれぞれ独立した性格をもっているので，必要に応じて所要の部分をお読みいただいても支障はないように配慮している。

引用文献や参考文献をあげるとともに，重要用語を抜き出した索引を付けているので，読者がさらに進んで研究される場合の参考にしていただければ幸いである。

本書の出版については，日本教育研究センターのなみなみならぬ御好意，とりわけ本書の企画から上梓まで終始ご尽力いただいた同センターの岩田弘之氏のご努力に負うところが多大である。ここに改めて厚く感謝の意を表したい。

平成31年３月　著者一同

# CONTENTS

# 第1章　算数教育の目標

## §1　算数教育とその目標の変遷

### 1　小学校令施行規則と黒表紙教科書

小学校令施行規則

明治33年の「**小学校令施行規則**」には，「算術ハ日常ノ計算ニ習熟セシメ生活上必須ナル知識ヲ与ヘ兼テ思考ヲ精確ナラシムルヲ以テ要旨トス」[1]とあり，算術のこの規定は，昭和16年の「国民学校令施行規則」まで約40年通用し，今日の算数科の前身である算術科を特徴づけるものであった。

藤澤利喜太郎

数学教授法講義筆記

当時，東京帝国大学の数学教授で算術教育を指導した**藤澤利喜太郎**は，日常計算の重視とともに，数え主義，規約主義，分科主義を主張していた。ここでは，「数学教授法講義筆記」の該当部分を引用しながら，数え主義と分科主義について考察し，規約主義については2の中で触れることとする。

数え主義

数の認識について，ペスタロッチの直観主義という立場が欧米で広まっていることを承知していたが，藤澤は次のように述べて，数の認識が数えることから得られるとする**数え主義**を主張している。
「五ツノ卵ガアルトシマスト，其五ツアルコトハ吾吾ガ一目シタノミデ直グニ解リマセウ，此場合ニハ恰モ直覚ヨリ数ノ観念ガ得ラレル様ニ見エマスガ，コレハ皮相ノ見解ニ過ギマセン（中略）人間ハ此性ニ付イテハ実ニ憐レナモノデアリマシテ，十五カ十六カノ卵トナリマスト一寸見タノミデハ幾ツアルカト云フコトガ解リマセヌ」[2]

分科主義

一方，次のように述べて算術と代数を区別して教えるという**分科主義**を主張している。
「尋常小学校デ丁度代数ノ一次方程式ニ似タ様ナコトヲヤラセルモノガアリマス，尤モ$x$ノ代リニ△ヲ用イテヤルノデ，例エバ
　$(3\times\triangle+7)\div5=5$　ノ式ニ於テ△ノ値ヲ求ムト云ウ様ナコトデス，コレハ△ヲ$x$ト全ク同ジ意味ニ使ッテアリマスカラ一ツノ方程式デアリマス，コレヲ初歩ノ生徒ニ課スルコトハ，断然廃サナケレバナリマセヌ」[3]

また，尋常中学校等で指導していた　$(a+b)^2=a^2+2ab+b^2$ 等の公式に関しても，図を用いて指導する融合主義を批判している。

「図ヲ書イテヤルト生徒ガ其図ニバカリ着目シ，興味ノ分配ガ能ク行キマセヌカラ肝要ナル定理ノ概括モ甘ク行カヌノミナラズ，コレハ幾何学的ノ考エヲ要シ且直線ヲ以テ数ヲ表ハシ面積ヲ以テ其積ヲ表ハストシテ考ヘルノデ，幼少ノ生徒ニハ解リ悪イモノデス，結局リ此レハ図ヲ以テ生徒ヲ誤魔化シ去ルト云フ嫌ヒガアリマスカラ断然図デ説明スルノハ廃シタイト思ヒマス」[4)]

尋常小学算術書

（黒表紙教科書）

明治38年から国定教科書として使用された『**尋常小学算術書**』は，小学校令施行規則に基づいて藤澤の意見を大幅に取り入れて編纂された。表紙が黒色であったことから，俗に**黒表紙教科書**と呼ばれている。この教科書の学年毎の指導内容を示したのが次の表である[5)]。これによると，数と計算が主な内容であったことがわかり，藤澤の日常計算重視と数え主義等の影響がうかがわれる。

第１期国定教科書『尋常小学算術書』の学年配当

| | 毎週教授時数 | 第一学年 | 毎週教授時数 | 第二学年 | 毎週教授時数 | 第三学年 | 毎週教授時数 | 第四学年 | 毎週教授時数 | 第五学年 | 毎週教授時数 | 第六学年 |
|---|---|---|---|---|---|---|---|---|---|---|---|---|
| 算術 | 五 | 二十以下ノ数ノ範囲内ニ於ケル数ヘ方，書キ方及加減乗除 | 六 | 百以下ノ数ノ範囲内ニ於ケル数ヘ方，書キ方及加減乗除 | 六 | 通常ノ加減乗除 | 六 | 通常ノ加減乗除及小数ノ呼ヒ方，書キ方及簡易ナル加減乗除（珠算　加減） | 四 | 整数　小数　諸等数（珠算　加減） | 四 | 分数　歩合算（珠算　加減乗除） |

教材の展開の仕方は，計算を段階的に配列し，範例に続いて練習問題を課し，その後で応用問題を適宜配列している。形式的に計算の習熟を図るという天下り的展開は「**規約主義**」といわれている。

規約主義

計算の習熟を中心的ねらいとする黒表紙教科書であったため，損益，租税，利息等が「生活上必須な知識」して取り上げられたものの，図形はあってもその求積がほとんどであったり，量の実験実測を算術に取り入れていなかったりしたため，児童の生活事実に基づく主体的学習を強調する教師達から，狭い意味の実用でしかないとして，後年，大きな批判を受けることとなる。

大正・昭和初期になると，中等学校数学では関数概念等が強調されはじめ，小学校の数と計算の学習でも量や図形と関連づける融合主義が主流となっていくことになるが，「思考ヲ精確ナラシムル」という目標を，算術や代数等の科目の中だけで完遂させようとする藤澤の数学者としての理想が垣間見られるような気がする。

## 2 生活算術と緑表紙教科書

ペリー運動

英国の工学者ペリー（J.Perry）による有用性の見地からの数学教育改造と微積分の早期導入を求める主張は**ペリー運動**と呼ばれ，ドイツの数学者クライン（F.Klein）らもこれに呼応して，世界的な数学教育改造運動へとつながっていった[6)]。

前述の藤澤の思想はペリー運動が盛んになる前のものであったこともあり，黒表紙教科書に対する批判につながっていった。

デューイの児童中心主義

一方，大正デモクラシーの影響のもと，デューイ（J.Dewey）の児童中心主義などの教育思想がわが国の小学校教育界に非常な勢いで広まっていった。この新教育思想については，植田敦三が，「その基本的原理は，生活そのものが教育である，生活環境が重要な教育的意義をもつ，教育方法は合目的的活動を原理とする」[7)] と述べている。この動きは，**生活算術**と呼ばれる算術教育の革新運動に発展していき，黒表紙教科書への決定的な批判となっていった。

生活算術

生活算術は，高等師範学校附小，府県師範学校附小，そして成城小学校等の進歩的な私立の小学校の教諭によって展開されていったが，小倉・鍋島が「この時期における算術教育革新は，成城小学校の佐藤武によって始められたとみてよいであろう」[8)] と述べているように，佐藤武の発生的算術は，**事実問題**の提唱とともに，次の時代の算術教育の先駆けとなっていったと見られる。事実問題とは，例えば，「六十五かける五」の指導の際に用いる，「一冊六十五銭の本を五冊買えばいくらになるか」のような問題であり，そこから計算規則を帰納させるというのが佐藤の主張であった。こうした主張に内在していた目標論的議論として，形式陶冶に対する実質陶冶の問題があった。詳しくは本章§2で述べることとするが，事実問題とは学習者が自分の生活において出くわす問題のことであり，学習する知識・技能そのものに広い意味での実用的価値をおく立場があらわれてきたといえるであろう。

事実問題

形式陶冶と実質陶冶

昭和初期にもなると，黒表紙教科書に対する批判が益々激しくなってきて，文部省は国定算術教科書を改訂することを決定し，その責任者として尽力したのが，図書監修官であった**塩野直道**であった。そして，昭和10年度から使用されることになったのが『**尋常小学算術**』であり，表紙の色から俗に**緑表紙教科書**と呼ばれている。

尋常小学算術
（緑表紙教科書）

この教科書では全学年とも児童用教科書が作成され，特に低学年用では美しい挿絵が随所に入れられ，明るく楽しい教科書であった。緑表紙教科書の表面的な印象だけではなく，ここでは，本文の展開方法についての進展について述べておくこととする。

形式的方法

教師によって伝達された知識や技能を子どもが練習によって習熟し，他の問題に適用することを学ぶという指導法は形式的方法といわれ，黒表紙教科書はそのような流れで構成されていた。「分数のかけ算」を例にすると次のような展開である。

① 「分数に分数をかけるには，分子に分子，分母に分母をかけて，それぞれを積の分子・分母にすること」を規約として教える。

② 「分数×分数」の計算練習を数題やらせる。

③ 「分数×分数」の応用問題（文章に記述されたもの）を数題課し，解かせる。

問題解決的方法

次の問題ヲ式ヲ立テテ解ケ。

1ℓノ重サガ$\frac{5}{6}$kgノ米ガアル。

(イ) 3ℓノ重サハ何kgカ。

(ロ) $\frac{1}{3}$ℓノ重サハ何kgカ。

(ハ) $\frac{2}{3}$ℓノ重サハ何kgカ。

今日では「計算のしかた」と呼ばれる①のような規約は教師が天下り式に教えるしかないというのが「**規約主義**」であったが，黒表紙の時代には致し方ない部分があったことも事実である。それは，指導内容のほとんどが「数と計算」であり，その指導に当たって量概念やその測定についての知識・技能を利用することができなかったからである。量の測定や図形に関する内容等も加えられている緑表紙教科書では，左欄に例示しているような問題解決的方法が提案されているのである[9]。

数理思想

緑表紙教科書では，**導入問題**の解決を通して「分数のかけ算」を指導しようとしていることがわかるであろう。このような指導法が用いられた背景として，教師用書の凡例に塩野によって述べられた次の文章からも，技能の習熟だけではなく「**数理思想**」の涵養が指導目的に加えられたことがうかがえるところである。「尋常小学算術は，児童の数理思想を開発し，日常生活を数理的に正しくするように指導することに主意を置いて編纂してある。」[10]

「数理思想」とは今日でいう「数学的な考え方」につながるものであり，本章の§２で述べる目標論的議論にも関わるとともに，第２章§１の「問題解決と数学的な考え方」の考察にもつながっていく，わが国算数教育史における重要な用語であるといえるであろう。

イロイロナ問題

「**イロイロナ問題**」という「数理思想」開発のための，ややレベルの高い特設的な問題が掲載されていることにも注目したい。

## 3 生活単元学習と系統学習

進歩主義
生活単元学習
コア・カリキュラム

戦後の算数教育は，学校教育法に依拠した**学習指導要領**を改訂しながら，時代の要請に応じた具体的な目標と内容が文部省から示されることになった。昭和22年の「学習指導要領算数数学科（試案）」では，米国で盛んであった**進歩主義**（Progressivism）が取り入れられ，児童の生活と経験を教育原理に据えて，**生活単元学習**と呼ばれる新しい教育が示された。教科の統合をねらった**コア・カリキュラム**というアイディアが提唱され，そこでは社会科が中核(コア)に置かれ，算数科は国語科とともに，児童の生活課題を解決していくための知識や技能を用具として供給する教科とされていた。

「小学生のさんすう」目次の一部
第１課　勉強の用意
第２課　かんたんなかけざん
単元１　遠足のしたく
単元２　ならびかた
単元３　学級のひよう

左欄に示しているのは，昭和24年に検定教科書のモデルとして発刊された４年生用教科書「**小学生のさんすう**」[11]の目次の一部であり，社会科の教科書のような印象を受ける。

昭和26年，「小学校学習指導要領算数科編（試案）」が発行された。一般目標では，算数の社会生活における有用性を達成するために必要な数学的内容の理解と処理する能力の育成が目指された。

昭和26年の学習指導要領

社会生活における問題解決能力が重視された反面，この時期に示されていた指導内容は，それまでの学年配当を大幅に変更し，その数学的水準は１～２年程度低下したとも言われている。例えば，小数・分数の乗除などは小学校から中学校へ移行されており，児童の社会生活の道具として使われると考えられていた算数科の内容は，その系統性をほとんど見出せないものとなっていたのである。

８領域：計算，測定，表とグラフ，分数，小数，実務，問題解決，物の形と図形

内容は左欄に示す８領域に分けられ，各教材に対して「関係のある学習活動の例」が示されている。指導時数については，次ページの表のように史上最低であった[12]。

昭和33年の学習指導要領
本質主義
系統学習

算数科は教科内容の系統性が強いこともあり，指導内容の先送りや指導時数の削減等にともなって起きた基礎学力の低下が問題となっていくにつれて，昭和30年代に入るころから，生活単元学習に対する批判が高まっていった。教育課程審議会の答申を受けて，昭和33年に学習指導要領が告示として発表された。この学習指導要領は国家基準として法的拘束力をもつものになった。カリキュラム構成原理としての生活単元学習は失敗に終わり，それに代わって，**本質主義**(Essentialism)に基づく**系統学習**に復帰したのである。

4領域：
A 数と計算
B 量と測定
C 数量関係
(1) 割合
(2) 式・公式
(3) 表・グラフ
D 図形

指導内容は左欄に示す4領域に整理された。このうち，数量関係は新しいものであり，割合，式・公式は新出内容であった。「割合」は，小数・分数の乗除を小学校に戻すにあたっての方途として注目を浴びることとなり，この時期の前後から，構造図や線分図といった図表現を利用した算数指導が提案されるようになっていった。

学年の週当たり指導時数の変遷 (単位 時)

| 改訂年度 | 1年 | 2年 | 3年 | 4年 | 5年 | 6年 | 計 |
|---|---|---|---|---|---|---|---|
| 明治40年(1907)(小学校令:義務教育6年) | 5 | 6 | 6 | 6 | 4 | 4 | 31 |
| 大正 8年(1919)(小学校令) | 5 | 5 | 6 | 6 | 4 | 4 | 30 |
| 昭和16年(1941)(国民学校令) | 4 | 4 | 5 | 5 | 5 | 5 | 28 |
| 昭和22年(1947)(第1期学習指導要領) | 3 | 4 | 4 | 4〜5 | 4〜5 | 4〜5 | 23〜26 |
| 昭和26年(1951)(第2期学習指導要領) | (2.5) | (2.5) | (3) | (3) | (4) | (4) | (19) |
| 昭和33年(1958)(第3期学習指導要領) | 3 | 4 | 5 | 6 | 6 | 6 | 30 |
| 昭和43年(1968)(第4期学習指導要領) | 3 | 4 | 5 | 6 | 6 | 6 | 30 |
| 昭和52年(1977)(第5期学習指導要領) | 4 | 5 | 5 | 5 | 5 | 5 | 29 |
| 平成元年(1989)(第6期学習指導要領) | 4 | 5 | 5 | 5 | 5 | 5 | 29 |
| 平成10年(1998)(第7期学習指導要領) | 3.3 | 4.4 | 4.3 | 4.3 | 4.3 | 4.3 | 24.9 |
| 平成20年(2008)(第8期学習指導要領) | 4 | 5 | 5 | 5 | 5 | 5 | 29 |
| 平成29年(2017)(第9期学習指導要領) | 4 | 5 | 5 | 5 | 5 | 5 | 29 |

## 4 数学教育の現代化と数学的な考え方

旧ソ連の人工衛星(スプートニク)打ち上げ

1957年，旧ソ連による人類最初の人工衛星打ち上げを契機として，米国をはじめ世界各国で，科学技術の革新のための数学教育や科学教育の充実が求められるようになってきた。さらに，数学研究においても抽象数学の驚異的な進歩と応用分野の拡大が顕著となっており，集合論を基礎概念とする現代数学を数学教育に持ち込もうという動きが起こってきた。これを，数学教育の**現代化運動**という。

現代化運動

米国を中心として，集合，論理，関数，確率・統計，線形代数などの新しい題材を学校数学に取り入れようとするカリキュラム開発やその実施がなされていったが，上位の子どもだけでなくすべての子どもに対する数学教育の刷新を目指していくにつれて，指導方法の工夫がさらに求められるようになっていった。

ブルーナーの教授仮説

現代化の当時，「どの教科でも，知的性格をそのままに保って，発達のどの段階のどの子どもにも効果的に教えることができる」[13]という**ブルーナー**の教授仮説をもとにして，**スパイラル方式**と言われるカリキュラムの工夫を行って，教具の活用による動機づけを図るなどして児童の創造性の育成が目指されていたのである。

米国等で盛んとなっていた現代化の動きはわが国にも影響を与えることとなり，昭和43年に学習指導要領が改訂された。昭和33年の改訂に続いて，文部省において教科調査官として算数科の改訂に携わったのが中島健三であり，数学的な考え方を指導目標の中に組み入れた中心的な人物として知られている。氏は，**数学的な考え方**とその育成について次のように述べている。「『数学的な考え方』とは端的にいって，『算数・数学にふさわしい創造的な活動ができるようにすること』であるが，そのためには，日常の算数・数学の指導において，個々の指導内容について創造的な指導を行い，子どもに創造的な過程の体験を積み重ねることが必要である。」[14)]

数学的な考え方

昭和43年告示の学習指導要領では，数学的な考え方の一層の育成が算数科改訂の柱であり，「日常の事象を数理的にとらえ，筋道を立てて考え，統合的，発展的に考察し処理する能力と態度を育てる」ことが総括目標として示された。指導内容は左欄に示すような4領域の構成であった。現代化教材としては，４年に「**集合の考え**」が導入され，いろいろな概念を「集合の考え」をもとにして統合的に考察することが推奨された。したがって，例えば「図形の包摂関係」を積極的に取り入れた数学的扱いの重視等が注目された。数量関係では，未知数としての文字が後退して変数としての文字が前面に出されるとともに，「式表示」によって関係等を簡潔に表したり読んだりすることが強調された。統計に関しても，集合に着目して資料を分類整理する能力を伸ばすことが求められるようになった。

昭和43年の学習指導要領
A　数と計算
B　量と測定
C　図形
D　数量関係
（1）関数
（2）式表示
（3）統計

「数学的な考え方」の一層の育成については，岩合一男が次のように述懐していることが参考になるであろう。「『数学的な考え方』という表現は，昭和33年次の改訂の際，すでに指導要領に記述されていたものであったが，当時は系統学習への復帰の思潮が強く，それ以上のことさらな詮索がなされないままであった。しかし，現代化を支える基底として，この数学的な考え方を大きくクローズアップしたのが，このときの改訂の特色であった。」[15)]

片桐重男は，数学的な考え方の具体化を行った上で，それらを「数学の方法に関係した数学的な考え方」と「数学の内容に関係した数学的な考え方」に分類して，数学的な考え方を育成する算数科実践に大きく寄与する研究を展開したことで知られている[16)]。

## 5 基礎・基本の重視と新しい学力観

昭和52年の学習指導要領
A 数と計算
B 量と測定
C 図形
D 数量関係

昭和50年頃になってくると，算数・数学の授業についていけない児童・生徒の増加が社会的に問題視され始め，現代化によって内容が高度になり過ぎたとする批判に応ずる形で，昭和52年に学習指導要領の改訂が行われた。「人間性豊かな児童の育成，ゆとりと充実，基礎的・基本的な内容の重視」という基本方針の下で，算数科では，「数量や図形についての基礎的な知識と技能を身につけ，日常の事象を数理的にとらえ，筋道を立てて考え，処理する能力と態度を育てる」という目標であった。内容は，左欄に示す４領域であり，数量関係領域の区分表示は廃止された。

現代化教材は軽減または削減され，精選した指導内容の学年配当については，従来のスパイラル方式ではなく，内容を重点的に学年配当する集中方式が採用された。週当たりの指導時数は１・２年をそれぞれ１時間ずつ増加して，基礎・基本を重視することになった。

アジェンダ

昭和55年，米国のNCTM（全米数学教師協議会）は「1980年代の学校数学への勧告」[17]（**アジェンダ**）を出して，「**問題解決**が学校数学の焦点でなければならない」とし，後年出された「カリキュラムと評価の**スタンダード**」でも，「問題解決は教育課程全体に浸透されるべきであり，知識・技能が習得される文脈を与えるプロセスである。」[18]とされた。問題解決重視の動向はわが国の算数教育にも波及し，問題解決過程を踏まえた授業展開が盛んになってきた。

平成元年の学習指導要領
A 数と計算
B 量と測定
C 図形
D 数量関係

生活科が登場した平成元年の学習指導要領は，社会の変化に主体的に対応できる豊かな心をもち，たくましく生きる人間の育成を目指して改訂された。左欄の通り４領域に変更はないが，算数科の目標では，「筋道を立てて考え」の前に「見通しをもち」が入るとともに，「数理的な処理のよさが分かり，進んで生活に生かそうとする態度を育てる」とされ，情意面の重視が表れているところである。

新しい学力観

認知面だけではなく情意面を重視するという動向は，児童の学力の評価に関して作成される学習指導要録にも表れており，知識・技能という「見える学力」だけでなく，認知面でも学習のプロセスに表れる数学的な考え方や，関心・意欲・態度といった情意面という「見えない学力」を含めて学力と見なすべきだという意見が強くなってきた。こうした学力の捉え方を「**新しい学力観**」と呼んでいる。

## 6　生きる力から思考力・表現力の育成へ

21世紀を迎えるにあたって，主体的に生きることができる国民の育成という観点から，「生きる力」の育成を基本的なねらいとして，平成10年に学習指導要領が改訂された。算数科の改善の具体的事項として，「教育内容を精選し，児童がゆとりをもって学ぶことの楽しさを味わいながら数量や図形についての作業的・体験的な算数的活動に取り組む」ことが示されていた。算数科の目標の冒頭には，「数量や図形についての算数的活動を通して」が加わり，「数理的なよさ」の前に「活動の楽しさ」が付け加えられた。

平成10年の学習指導要領
A　数と計算
B　量と測定
C　図形
D　数量関係

総合的な学習の時間

この時の改訂では，総合的な学習の時間が導入されるとともに，学校週5日制(週休2日)が完全実施となり，算数科の授業時数も十数パーセント程度削減された。さらに，それに加えて教育内容の精選が実施されたことで，算数の教科書も必然的に薄くなり，生活単元学習の時と同じような学力低下論争が起きてくることになった。文部科学省は，平成15年に学習指導要領を一部改正して，「第3　指導計画の作成と各学年にわたる内容の取扱い」の2 (7) に，「内容の範囲や程度等を示す事項は，すべての児童に対して指導するものとする内容の範囲や程度等を示したものであり，学校において特に必要がある場合には，この事項にかかわらず指導することができる」という文言が追加された。あわせて「**個に応じた指導**に関する指導資料」[19]が発行され，「発展的な学習」に注目が集まった。

平成19年度から「**全国学力・学習状況調査**」が実施され，主として活用に関する問題が，思考力や表現力の評価(ひいては育成)を意図して出題されるようになった。

平成20年の学習指導要領
A　数と計算
B　量と測定
C　図形
D　数量関係

平成20年に告示された学習指導要領は，「生きる力」を継承しつつ，思考力や表現力，そして知識・技能を活用する力の育成を重視するものであった。領域編成は従来通りであったが，言語活動を重視して，言葉や数，式，図表，グラフなどを用いた思考力・表現力を育成するため，低学年から「数量関係」領域が設定された。

算数科の目標の冒頭は「算数的活動を通して」とされ，各学年に典型的な算数的活動の例が示されているのも大きな改善点である。また，生活だけでなく学習への活用も明記され，従来の水準に戻った学習内容に対して，スパイラル(反復)による指導が復活した。

## 7 三つの柱からなる資質・能力の育成

平成29年の学習指導要領

平成28年末の中央教育審議会答申を受けて行われた平成29年の算数科の改訂では，「数学的に考える資質・能力の育成を目指す観点から，実社会との関わりと算数・数学を統合的・発展的に構成していくことを意識して，数学的活動の充実等を図った。また，社会生活など様々な場面において，必要なデータを収集して分析し，その傾向を踏まえて課題を解決したり意思決定をしたりすることが求められており，そのような能力の育成を目指すため，統計的な内容等の改善・充実を図った」[20]とされている。

資質・能力

三つの柱

育成を目指す**資質・能力**は，他教科等とともに算数科でも，「知識及び技能」，「思考力，判断力，表現力等」，「学びに向かう力，人間性等」の**三つの柱**で捉えられており，算数科の目標においても，「数学的な見方・考え方を働かせ，数学的活動を通して，数学的に考える資質・能力を次のとおり育成することを目指す」とした後で，３つの柱にあたる文章が記述されている。（詳細は§２を参照のこと）

数学的活動

**数学的活動**とは，算数科だけではなく，中学校や高等学校の数学科においても資質・能力の育成を目指す際に行われるものだとして，算数科でも，算数的活動ではなく数学的活動と呼ぶことになった。

A 数と計算
B 図形
C 測定(1~3年)
　変化と関係(4~6年)
D データの活用

算数科の内容は，A数と計算，B図形，C測定(１～３年)，変化と関係(４～６年)，Dデータの活用という領域で構成された。統計的な内容に関しては，D領域の中心的内容として位置付けられた。また，児童が身に付けることが期待される資質・能力を三つの柱に沿って整理し，「知識及び技能」，「思考力，判断力，表現力等」については指導事項のまとまりごとに示し，「学びに向かう力，人間性等」については，教科の目標及び学年目標においてまとめて示してある。

算数・数学の問題発見・解決の過程

主体的・対話的で深い学び

数学的活動の充実に関わって，「算数・数学の**問題発見・解決の過程**」の図式(第３章§２参照)が示されている。また，「第３　指導計画の作成と内容の取扱い」の１(1)に，「**主体的・対話的で深い学び**の実現を図るようにすること」とあり，アクティブ・ラーニングが学習指導要領に書き込まれたものであると捉えられている。

**問題1**　黒表紙教科書と緑表紙教科書との相違点についてまとめてみよ。

**問題2**　資質・能力の三つの柱の観点から算術・算数教育史を考察せよ。

# §2　なぜ算数を学ぶのか

## 1　算数・数学をとらえるための視点

算数・数学は，歴史的に見ても常に義務教育の教育内容に含められてきた。「算数嫌い」とか「数学離れ」という言葉に代表されるように，算数・数学の評判は決して芳しくないが，人間にとって算数・数学の学習がどのような意味をもっているのかを考えることは，算数教育の研究と実践にとってとても大切なことである。算数科のねらいに関するこのような研究を「**目標論的研究**」という。

目標論的研究

算数科の内容を正しく理解するために，数学には，知識や概念の論理的な体系としての面と，それらを創り出す創造的な活動としての面があることを知る必要がある。前者は，言わば「できあがった数学」であり，後者は「創造的活動としての数学」である。

フロイデンタール

オランダの有名な数学者**フロイデンタール**（H.Freudenthal）は，後者の数学観を推奨し，次のように述べている。:「数学化のない数学はない。…中略…これは，数学が人間の活動から創られたものであるという事実から導かれる当然の帰結である。」[21]

数学について考えるとき，前者の数学を想起し，それらを生み出し発展させた数学的活動についてはあまり考えない傾向がある。しかしながら，このような数学的活動のことを，フロイデンタールは「**数学化**」（Mathematization）と呼び，このプロセスを学習者が経験することの重要性を指摘しているのである。算数教育においても，算数の知識や概念と同様，それらを生み出し，発展させる活動を重視する必要があるということが示唆されている。最近では，こうした面からの指導の重要性が認識されつつある。それは，算数が創造されてきた過程についての経験や理解がないと，学習した内容の本質がわからず，その活用や応用が十分にできないからであろう。

数学化

## 2　算数・数学の特性

さて，算数科で取り扱う数・量・形などの内容には，「有用性」「抽象性」「記号性」「論理性」などの特徴がある。

有用性

**有用性**とは，端的に言って役に立つことである。小学校で学習する算数の内容の中には，社会生活をおくる上で必要不可欠なものが多く，目標論的研究において，算数・数学の特性としての有用性をはずすわけにはいかない。さらに，多くの数学が，人間の必要性から生じていることも事実であり，ナイル河の土地測量が古代ギリシャの幾何学を生んだことは，よく知られている。また，近代においても，微積分学は，物理的力学から必然的に導入された。このような歴史を見ても，有用性は数学の発展に大きく影響している。有用性には，「日常生活に役立つ」「進んだ数学の学習や他の教科の学習に役立つ」「職業・専門分野に役立つ」という３つの場合がある。

抽象性

また，算数・数学の学習は抽象的であると言われる。実際，この**抽象性**ゆえに，広範囲な具体的場面で活用可能となるのである。例えば，「２」や「３」の自然数は，いろいろな具体物から抽象された概念であるが，2個のりんごと３個のりんごを合わせた個数を求めるときも，２軒目よりもさらに３軒先の家を見つけるときも，同じ「2＋3」という計算で処理できる。「抽象化」とは，「共通な属性をもつ対象から，その共通の属性を抽出し，その属性やそれをもつ集合を明らかにすること」と規定することが一般的である。この過程では，具体的な対象から共通の属性を抽象するが，このとき同時に，共通しない属性を「捨象」しているのである。

記号性

抽象化などによって得られた概念は，言葉や数字などの記号によって表される。そして，高度に発達した人間の数学的思考は，通常，この記号に即して進められる。これが数学の「**記号性**」である。数学で用いる数字や文字そしてその他の記号は，数学的な概念や原理，さらに推論の過程を客観的に記述し，他人に正確に伝達する役割を果たしている。この点では，他の科学も同様であるが，数学では独特な記号を用いてそれを行っている。例えば，１，２，３…の数字，$a$，$b$，$c$…の文字，＋，−，×，÷，＝，≡，∞，$f(x)$ などの記号は数学独特のものであり，形式的であるがゆえに，抽象的な概念を表現したり，形式的論理の展開を記述したりするのに優れている。

論理性

数学は論理的な学問であると言われる。その理由は，帰納的推論や類比的推論によって得られた事実でも，それを述べた命題の真偽は，演繹的推論による証明なしでは一切認めないことにある。こうした**論理性**ゆえに，数学的命題は一般性・普遍性をもち，他の命題との系統性を保ちながら，矛盾のない体系を成している。このように数学は，論理によって蓄積された系統的で無矛盾な学問である。

## 3　算数の教育的価値

台形の面積を学ぶ価値

台形の面積＝(上底＋下底)×高さ÷2　という公式は何のために学ぶのであろうか。日常生活の中でこの知識を使うことはほとんどない。大人になっても日常生活を営む上で必要な技能でもないのだから，小学校の算数で教えなくてもよいのではないか。実は，平成10年の学習指導要領改訂において指導内容の厳選が求められた際に，このような意見が強くなっていた面がある。

一方で，図形の面積に関する学びの過程を振り返ってみると，４年で長方形の面積を学習し，そして５年のこの単元の前半で平行四辺形や三角形の面積を長方形の面積に帰着させながら学習してきている。ここまでの学習で身に付けてきた数学的な見方・考え方を働かせながら，台形の面積公式を作り出していくことは，児童にとってとても興味の持てる価値あることではないのか。

算数の教育的価値を大きく２つに分けるとすれば，それは，直接的価値と間接的価値ということになろう。

直接的価値

**直接的価値**とは，算数の学習で獲得した知識や技能そのものが，児童の現在の行動や将来の社会生活において役立つことを意味している。本章の§１の①で述べたように，明治30年代の小学校令施行規則では，算術科の教授要旨として，「日常ノ計算ニ習熟セシメ生活上必須ナル知識ヲ与ヘ」ることが前半に明記されていた。これは，学習内容そのものの獲得を重視する「**実質陶冶**」にあたっている。

実質陶冶

わが国の初等教育は「よみ，かき，そろばん」という３R'sから出発したので，今日の小学校算数科でも，直接的価値は大きなウェイトを占め，例えば，日常生活で買い物をするときの計算や資料を読むことなどの学習は，こうした価値から捉えられやすいものである。

また，子どもたちが学校を卒業して社会に巣立ったとき，コンピュータに関することを含めて，中等学校で学習する数学の知識や技能も必要となってくる。ただし，普通の社会生活を営む上には，それほど高度な数学を必要としないこともまた事実であり，直接的価値ではないもう１つの価値が意味をもってくる。

上述の算術の教授要旨では，その後半に「思考を精確ナラシムル」ことが述べられており，これは，算数・数学の内容の学習を通して育成される諸能力に価値をおく立場で「**形式陶冶**」と言われている。

形式陶冶

これは，算数・数学の学習を通して間接的に育成されると考えることから，間接的価値と呼ばれるものである。

間接的価値

さて，算数教育の**間接的価値**は昨今非常にクローズアップされてきている。というのは，次の4で見るように，算数科の目標として，知識・技能の育成だけではなく，数学的な考え方に代表される思考力や表現力の育成，そして，学びに向かう力や人間性などが強調されるようになってきているからである。これは，この種の能力や態度などが人間の認識活動として大切であるという観点に立ち，適切な指導によってこれらを育成していこうという期待が述べられていると考えられる。この意味で，ある種の「形式陶冶」に依拠していると言えよう。このように，算数教育の間接的価値は「形式陶冶」と関連が深い。直接的価値が把握しやすいのに対して，間接的価値は把握しにくい。したがって，算数・数学を適切な陶冶材としてとらえることによって，どのような考え方や関心・意欲・態度を育成しようとするのかを，できるだけ具体的に明らかにすることが大切である。その際には，算数科の特性に照らして，他教科からでは接近できないような面に光をあてて，目標を見直したいものである。

以上では，算数の教育的価値を，直接的価値と間接的価値の２つに分けて考察してきたが，教科教育一般において，次の３つの教育的価値から目標を分析する場合もあるので，付記しておこう。

実用的価値

①**実用的価値**…人間が社会の一員として生活を実践するのに必要な能力をもつように若い世代を育て上げること

文化・教養的価値

②**文化・教養的価値**…人間の過去における数学の創造は文化遺産として蓄積されてきており，これらを次の世代に引き継ぐとともに，知的教養として身につけること

陶冶的価値

③**陶冶的価値**…人間がもっている潜在的能力を可能な限り引き出し育てること

前述の直接的・間接的価値に対応している部分もある。文化的価値などに迫ることは難しいが，人間の責務として大切なことである。

## 4 算数科の目標

学習指導要領における算数科の目標

平成29年に改訂された小学校学習指導要領における算数科の目標は次の通りである。

「数学的な見方・考え方を働かせ，数学的活動を通して，数学的

資質・能力の三つの柱

(1)知識及び技能

(2)思考力，判断力，表現力等

(3)学びに向かう力，人間性等

に考える資質・能力を次のとおり育成することを目指す。

(1) 数量や図形などについての基礎的・基本的な概念や性質などを理解するとともに，日常の事象を数理的に処理する技能を身に付けるようにする。

(2) 日常の事象を数理的に捉え見通しをもち筋道を立てて考察する力，基礎的・基本的な数量や図形の性質などを見いだし総合的・発展的に考察する力，数学的な表現を用いて事象を簡潔・明瞭・的確に表したり目的に応じて柔軟に表したりする力を養う。

(3) 数学的活動の楽しさや数学のよさに気付き，学習を振り返ってよりよく問題解決しようとする態度，算数で学んだことを生活や学習に活用しようとする態度を養う。」[22]

(1) (2) (3)は資質・能力の三つの柱といわれるものであり，(1)は「知識及び技能」，(2)は「思考力，判断力，表現力等」，そして(3)は「学びに向かう力，人間性等」とされている。本章の目標論的研究によれば，(1)が直接的価値に当たる部分であり，(2)と(3)が間接的価値に当たる部分であることがわかるであろう。

これらを全く別個の目標とみて，しばしば誤解されているのは，(1)を達成させるための指導法である。つまり，(1)のみを習得させるための指導ではなく，(2)や(3)を併せて育成させるような(1)の指導，つまり，最近の算数教育の動向に照らして言えば，「活用」につながる「習得」の学習指導を心がけることが大切である。算数科の目標の中に，「数学的活動を通して」とあるのは，このことを配慮したものであり，「指導法の改善」を視野に入れて目標を考察することが大切である。

**問題1**　学習指導要領における算数科の目標以外で，各学年の目標や内容において三つの柱がどのように記述されているか調べよ。

**問題2**　中学校・高等学校の学習指導要領における数学科の目標を調べ，比較・検討せよ。

**問題3**　算数科の一つの単元を選び，教育的価値から目標を分析せよ。

**引用文献**

1） 海後宗臣編（1964）『日本教科書大系 近代編 第14巻 算数(五)』，講談社，p.168
2） 藤澤利喜太郎（1900）『数学教授法講義筆記』，大日本図書，p.46
3） 同上書，p.152
4） 同上書，p.242
5） 同上書１），p.177
6） 小倉金之助・鍋島信太郎（1957）『現代数学教育史』，大日本図書
7） 植田敦三（2000）「生活算術」中原忠男編，『算数・数学科重要用語300の基礎知識』，明治図書，p.47
8） 同上書６），p.203
9） 文部省（1939）『尋常小学算術　第５学年児童用　上』，新興出版社啓林館，p.29，（復刻版は1970年）
10） 同上書，復刻にあたって，p.4
11） 同上書１），p.443
12） 長谷川考志（1991）「第１章§３算数教育の再建期」九州算数教育研究会編，『算数科教育の研究と実践』，日本教育研究センター，（p.11）に平成10年，20年，29年分を追加して作成した。
13） J.S.ブルーナー著，鈴木祥蔵・佐藤三郎訳（1963）『教育の過程』，岩波書店，p.42
14） 中島健三（1981）『算数・数学教育と数学的な考え方』，金子書房，p.ii
15） 岩合一男（1980）「第１章§５数学教育の現代化」数学教育学研究会編，『算数教育の理論と実際』，聖文社，p.23
16） 片桐重男（1988）『数学的な考え方・態度とその指導』，明治図書，pp.122-125
17） NCTM（1980）“An Agenda for Action－Recommendations for School Mathematics of the 1980's”，NCTM
18） NCTM（1989）“Curriculum and Evaluation Standards for School Mathematics”，NCTM，p.23
19） 文部科学省（2002）『個に応じた指導に関する指導資料－発展的な学習や補充的な学習の推進(小学校算数編)』，教育出版
20） 文部科学省（2018）『小学校学習指導要領(平成29年告示）解説　算数編』，日本文教出版，p.6
21） H.Freudenthal（1973）Mathematics as an Educational Task，Reidel，p.134
22） 同上書20），pp.21-22

# 第2章　算数科学習指導の基礎

## §1　問題解決と数学的な考え方

### 1　問題解決

#### (1)　問題解決とは

**問題解決**(problem solving)を文字通りに解釈すれば「問題を解決すること」である。しかし，教育界ではいろいろな意味を込めて問題解決という用語を用いており，問題解決は指導の「目標」でもあり，指導の「内容」でもあり，指導の「方法」でもある[1)2)]。

目標としての問題解決

**目標としての問題解決**とは，算数科の学習指導の目標の一つに子どもの問題解決能力の育成を位置付けることを意味している。ここでの問題は，文章題や計算問題，応用問題など，数学(算数)の世界での問題だけを指すのではなく，算数を用いて考察することのできる日常生活や社会の問題など，現実の世界での問題も含まれる。つまり，単に算数の問題を解けるというだけではなく，日常生活や社会の事象を数理的に捉え，算数の知識や技能を活用して様々な問題を解決できる子どもを育てることが目標となる。

内容としての問題解決

**内容としての問題解決**とは，算数科の学習内容の一つに問題解決それ自身を位置付けることを意味している。算数科の学習内容は，数や図形の性質，計算の仕方といった内容だけではなく，数学(算数)を用いてどのように問題を解決すればよいのかといった数学的な問題解決の過程や方法についての知識など，問題解決それ自身に関する知識なども含まれる。例えば，平成29年告示の学習指導要領では，算数科の第6学年の内容に，「比例の関係を用いた問題解決の方法について知ること」といった，いわば「**方法知**」とでも言うべき知識が位置付けられている[3)]。

方法としての問題解決

**方法としての問題解決**とは，算数科の指導方法の一つに問題解決を位置付けることを意味している。算数科の指導方法には，良い悪いは別にして，典型的には大きく二つの方法がある。一つは伝達による方法であり，その授業で子どもに身に付けさせたい知識や技能をまずは教師が説明し，子どもはその説明をもとに練習問題やドリルに取り組むといったスタイルの指導方法である。もう一つは，問題解決による方法であり，子どもが協働的に問題を解決する中で新たな知識や技能を身に付けさせようとするスタイルの指導方法である。**塩野直道**によって編纂され，昭和10年４月から昭和18年３月まで使用された国定算術教科書『尋常小学算術』（いわゆる**緑表紙教科書**）は，わが国におけるそのような指導方法の先駆的な存在であったと言われている。緑表紙教科書では，子どもの数理思想の開発を目的とし，学習の初めには，日常生活に関連した何かしらの場面や問題を与えるというスタイルが取られていた。いわゆる今日で言う「**導入問題**」の位置付けである。以来，問題を解決する中で新しい知識や技能を子どもに身に付けさせようとする指導方法は，今日の算数の授業においても生かされており，方法としての問題解決はわが国ではすでにかなり広く普及しているとみることができる[5]。

緑表紙教科書

分数の問題例[4]

コツプガ二ツアリマス。大キイ方ニハ牛乳一ビンノ五分ノ四ガハイリ，小サイ方ニハ五分ノ三ガハイリマス。両方合ワセテ，牛乳ガドレダケハイルデセウ。

### (2)　問題解決の過程

問題解決の過程について述べたものは様々にあるが，その最も基礎となるものは**ポリア**（G. Polya）による問題解決の４段階である。氏は，その有名な著書『いかにして問題をとくか』[6]の中で，問題解決の過程を次の４つの相（phase）に分け，それぞれの相で役に立つ問いのリスト（問題解決のストラテジー）を提示している。

1）問題を理解すること（Understanding the problem）
2）計画を立てること（Devising a plan）
3）計画を実行すること（Carrying out the plan）
4）振り返ってみること（Looking back）

ポリアの４段階

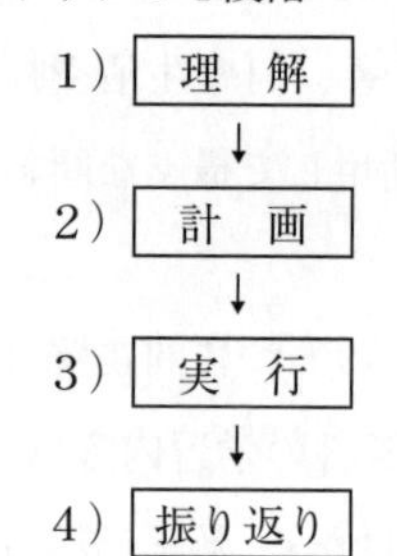


このような氏の提案をもとに，現在の算数科の授業では，学習過程を「つかむ」，「見通す」，「しらべる」，「まとめる」などの各段階に分けて計画したり，記述したりすることが一般的になってきている。このように，氏の問題解決に関する一連の研究はわが国の算数科学習指導にも大きな影響を与え，氏の研究を契機として，問題解決に関する様々な研究が国内外を問わず行われるようになった。

さて，ポリアの研究は主として純粋な数学を対象としたものであったが，今日では問題解決をより広義に捉え，数学（算数）を用いて考察することのできる日常生活や社会の問題など，現実の世界での

数学的モデル化過程

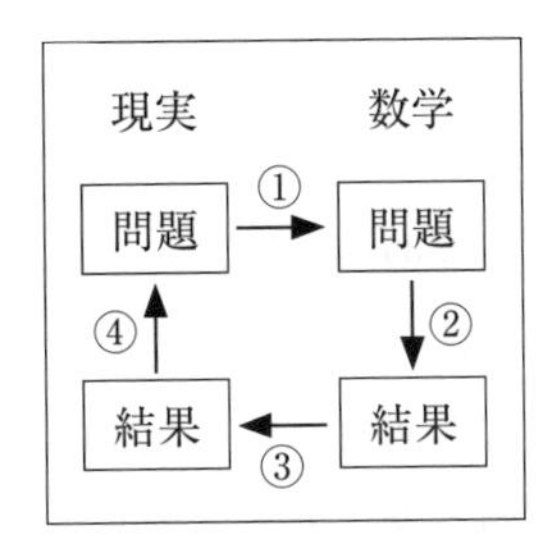


問題の解決も含めて捉えられることが多い。その過程は，一般に**数学的モデル化**(数学的モデリング)の過程と呼ばれ，基本的には次の4つの処理を含む過程として捉えられる[7) 8)]。なお，ポリアの4段階は，そのうちの②に焦点を当てたものとみることができる。

①現実の状況や問題を数学的に定式化すること(Formulate)

②数学の問題を解決し数学的な結論を導くこと(Employ)

③数学的な結論を現実場面に即して解釈すること(Interpret)

④解釈した結果を評価すること(Evaluate)

平成28年12月の中央教育審議会答申で示された**算数・数学の問題発見・解決の過程**[9)] (第3章§2，p.43を参照)は，これら問題解決の過程に関する研究を踏まえて検討・提案されたものである。

## 2　数学的な考え方

小学校の学習指導要領において，「**数学的な考え方**」という文言が初めて登場するのは昭和33年 (1958年) 告示の学習指導要領である。しかしながらその当時は，子どもの生活を中心として学習を展開する**生活単元学習**への批判が高まり，教科の系統性や基礎学力の充実に大きな関心が集まっていた時期でもあり，この文言にあまり注目が集まることはなかった。その後，数学的な考え方に大きな関心が寄せられるようになったのはいわゆる**現代化運動**の進展においてであり，昭和43年 (1968年) 告示の学習指導要領では，数学的な考え方の育成が算数科の中心的な目標に位置付けられた[10)11)]。

生活単元学習

数学教育の現代化運動

当時の文部省において，昭和33年と昭和43年の学習指導要領の改訂に直接の担当者として携わった**中島健三**氏は，数学的な考え方の育成とは，端的に言って，算数・数学にふさわしい創造的な活動ができるようにすることであるとし，昭和43年の改訂では算数科の総括目標に「数学的な考え方」としてふさわしい創造的な活動の姿を具体的に示したとしている[12)]。その総括目標とは，「日常の事象を数理的にとらえ，筋道を立てて考え，統合的，発展的に考察し処理する能力と態度を育てる」ということであり，平成29年告示の学習指導要領で示された「**数学的な見方・考え方**」[13)]とほぼ同義であることがわかる。さらに氏は，この総括目標の主要な観点は，1）日常の事象を数理的に捉えること，2）筋道を立てて考えること，3）統合的，発展的に考察し処理すること，の三つであり，特に3）の

中島健三

数学的な見方・考え方：事象を数量や図形及びそれらの関係などに着目して捉え，根拠を基に筋道を立てて考え，統合的・発展的に考えること

統合的・発展的な考察が，数学的な創造にかかわる重要な観点であり，数学的な考え方の育成という立場できわめて重要な意義をもつものと述べている[14)]。このような，数学的な考え方に対する中島氏の捉え方は，数学的に考えるという思考の「過程」に着目し，その過程の満たすべき特徴や本質的な構造を示すものである。

片桐重男

一方で，数学的な考え方を，その思考の過程に含まれる具体的な内容を列挙することで把握しようとする捉え方もあり，その代表的な研究に**片桐重男**氏の研究がある。氏は数学的な考え方を，主として数学の「方法」に関係するものと「内容」に関係するものとに分け，それぞれ次のものを挙げている[15)]。

数学の方法に関係した数学的な考え方

**数学の方法に関係した数学的な考え方**

・帰納的な考え方　・類推的な考え方　・演繹的な考え方
・統合的な考え方　・発展的な考え方　・抽象化の考え方
・単純化の考え方　・一般化の考え方　・特殊化の考え方
・記号化の考え方　・数量化，図形化の考え方

数学の内容に関係した数学的な考え方

**数学の内容に関係した数学的な考え方**

・集合の考え　・単位の考え　・表現の考え　・操作の考え
・アルゴリズムの考え　・概括的把握の考え
・基本的性質の考え　・関数的な考え　・式についての考え

以下では，その中でも特に算数科学習指導の基礎となる「類推的な考え方」，「帰納的な考え方」，「演繹的な考え方」を取り上げて概説する。また，単位の考えについても補足する。

類推的な考え方

**類推的な考え方**とは，ある状況で成り立つ原理や法則を，それと類似した状況に適用して考えようとする考え方である。算数科の学習指導においては，特に問題解決の見通しを立てる段階でこの考え方がよく用いられる。例えば，「１本0.2mのテープ３本分の長さ」を求める場面を考えてみよう。このとき，１本の長さが２mのときは2×3と立式したことから，0.2mでも同じように0.2×3と立式できるのではないかと考えたり，0.2＋0.3の計算の際には**単位の考え**を用いて0.1のいくつ分で考えたことから，0.2×3の計算も0.1のいくつ分で考えられるのではないかと考えたりすることは，類推的な考え方を働かせて問題解決の見通しを立てている場面である。

単位の考え

帰納的な考え方

**帰納的な考え方**とは，いくつかの事例に共通する性質を見出し，それを基にして考えようとする考え方であり，例えば，いくつかの

三角形の内角の大きさを調べ，その和が180°であることから，全ての三角形の内角の和は180°になるだろうと考えることは帰納的な考え方の一つの例である。これら類推的な考え方や帰納的な考え方は，新たな問題を見出したり，問題解決の見通しを立てたりする際に有効に働く考え方ではあるが，そのように考えればいつでも正しい予想や見通しを得られるわけではない。例えば，長方形の面積の求め方が「たて×横」であったことから，平行四辺形の面積も２辺の長さの積で求められるのではないかと考えることは，類推的な考え方ではあるものの正しい予想ではない。それゆえ，予想が正しいかどうか，根拠をもとに筋道を立てて考えることが大切であり，その中心的な役割を果たすものが演繹的推論である。

三段論法の例

大前提：４辺が等しい四角形はひし形である

小前提：正方形は４辺が等しい

結　論：正方形はひし形である

演繹的推論とは，**三段論法**に代表されるような，前提を真と認めれば結論も必ず真となる推論形式に従う推論であるが，厳密な意味での演繹的推論を小学生に求めるのは発達段階上適切ではない。また，三角形の内角の和のように，直観的，帰納的に導くだけに留める学習内容も多い。それゆえ，**演繹的な考え方**を厳密な意味での演繹的推論とは区別し，すでにわかっている事柄や正しいと認められた事柄を基にして考えようとする考え方といったように，根拠を基に筋道立てて考えることと同義の意味で捉えることの方が一般的である。その意味では，類推的な考え方や帰納的な考え方は演繹的な考え方の一部であると捉えることもできるが，いずれにしても算数科の学習指導では「～だから，～と考えた」のように，根拠を明らかにして考えたり，説明したりすることを低学年のうちから意識付け，そのような体験を積み重ねていくことが大切である。

演繹的な考え方

## 3　数学的な考え方を育てる問題解決指導

中島健三氏は，数学的な考え方の育成とは，算数・数学にふさわしい創造的な活動ができるようにすることであり，そのためには日々の指導において，個々の指導内容について**創造的な指導**を行い，子どもに創造的な過程の体験を積み重ねることが必要であると述べている[16)]。このことと関連し，杉山吉茂氏は，教師にも基本的に次のような３つのレベルがあると言う[17)]。

創造的な指導

教師のレベル

レベル１：数学的な知識や手続きを知らせるだけの教師。練習を通して知識や手続きを身に付けさせる。知識の伝達や練習が悪いわけではないが，それだけで終わっている教師。

レベル2：「覚える」ことに加えて「わかる」を目指す教師。できるに加え，なぜが加わり，数学的な知識や手続きの意味やわけも説明できる教師。教師としては当たり前の状態ともいえる。

レベル3：子どもの学びを中心に授業が展開できる教師。子ども自らが数学的な知識や手続きを発見・創造し，教師にいわれてわかるのではなく，子ども自らでわかる授業を展開できる教師。

中島氏のいう創造的な指導とは，杉山氏のいうレベル３の教師が展開する授業とみることができる。教師としては，まずは最低限レベル２の教師となる必要があるが，それだけでは不十分である。なぜなら数学的な考え方の育成とは，算数・数学にふさわしい創造的な活動ができるようにすることであり，レベル２の教師が展開する教師中心の授業ではそのような子どもが育つことはあまり期待できないからである。わが国では，古くから，子どもの数学的な考え方を育てるべく，子ども中心の授業を志向した問題解決指導に関する研究が行われてきた。以下では，その問題解決指導の３つのタイプとして「方法型」，「特設型」，「設定型」[18]について概説する。

### (1)「方法型」の問題解決指導

方法型の問題解決指導

**方法型の問題解決指導**とは，数学的概念や原理・法則を，問題を解決する過程を通して指導するものである。ここでのねらいは，問題の解決というよりも，その授業で扱う数学的概念や原理・法則の理解にある。例えば，長方形の面積が「たて×横」で求められることを指導する際，前述のレベル１やレベル２の教師のように，単にその事実を伝達・説明するのではなく，左図のような「どちらの方がひろいかな」といった問題を設定し，その解決を通して面積の比べ方や求め方を指導する場合がそれに当たる。単に知識や手続きを覚えるだけではなく，「これまでと同じように考えてみたらどうかな」(類推的な考え）や「単位のいくつ分で比べてみよう」(単位の考え）といった数学的な考え方を働かせて考える子どもの姿が期待でき，数学的に考えるという過程自体を子どもに体験させることができる。一方で，子どもは初めからそのように考えられるわけではない。そのように考えられるためには，そのような子どもに育てておかなければならないのである。つまり，問題解決指導ではこれまでに教師

ⓐとⓘでは，どちらがどれだけひろいですか

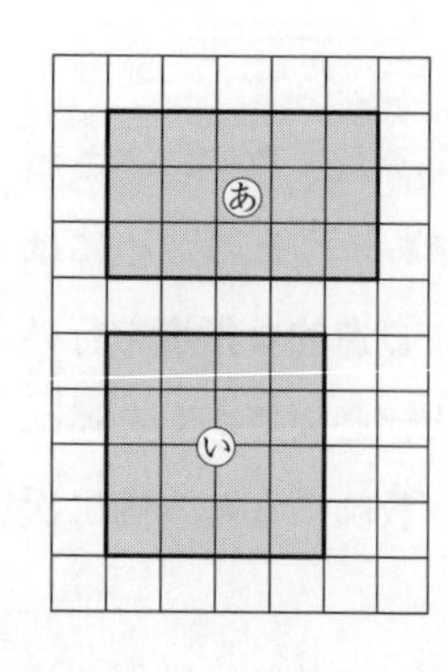

が何をどのように教えてきたかが顕在化されるとともに，教師が行ってきた教材研究の質が評価される場ともいえる[19]。

さて，授業展開の基本は「導入」，「展開」，「まとめ」であるが，方法型の問題解決指導ではさらにそれらを分け，一般的には左図のような流れで授業が計画されることが多い（「振り返り」と「適用」は順序が逆になることもある）。ただし，これはあくまで授業展開の一つの目安であり，このような流れで授業をすれば必ずよい授業ができるという代物でもない。まずはそれぞれの段階のねらいをしっかりと把握し，単にこのような流れに沿って進めているだけの授業とならないようにする必要がある。例えば，子どもは自然と問題を把握できる（問いをもつ）わけではない。子どもが問題を把握し，問いをもつためにはどのようにすればよいかなど，各段階のねらいに応じて事前に手立てを十分に計画・準備しておく必要がある。

導　入＜1）問題把握／2）見通し
展　開＜3）自力解決／4）練り上げ
まとめ＜5）振り返り／6）適用

### (2)「特設型」の問題解決指導

特設型の問題解決指導

**特設型の問題解決指導**とは，通常の授業とは別に問題解決のための特別な単元を設定し，教師自身が開発した問題や教科書の巻末にある問題など，数学的に興味深い問題を用いて問題解決それ自身を指導するものである。ここでの中心的なねらいは，数学的概念や原理・法則の理解というよりも，問題解決能力の育成にある。例えば，次の「**電話線の問題**」[20]を考えてみよう。

**問題**　家と家との間を直接電話線で結ぶことを考えます。いま，どの家とどの家の間にもちょうど1本の電話線をつけることにします。家が20軒のとき，電話線は何本になりますか。

この問題では，家の数が2軒，3軒･･･のときの図をかいて電話線の本数を調べたり，家の数と電話線の本数との関係を，表などを用いて調べたりすることが解決の鍵となる。図をかいて規則性を調べる場合にも，1軒増えるごとに増える電話線の数に着目して1＋2＋3＋…＋19と考えたり，結び方に着目して20×19÷2と考えたりと多様に考えることができる。このように特設型の問題解決指導では，いろいろな解決方法が可能であったり，多様な考え方が用いられたりするような問題を扱うことが望ましい。また，左に示す「**賞品の分け方の問題**」[21]のように，**オープンエンドな問題**（正答がいく通りにも可能になるように条件づけた問題）を用いることも意義深

賞品の分け方の問題
A，B，Cの3チームがゲームをしました。
このゲームの賞品は10個のメロンです。
ゲームの結果は表のようになりました。どのように賞品を分けたらよいでしょう。分け方をいろいろと考えてみましょう。

| A | B | C |
|---|---|---|
| 45点 | 27点 | 18点 |

い。このような子どもの自由な発想や多様な考えを引き出すことのできる問題をより多く開発することが重要である。

### (3)「設定型」の問題解決指導

設定型の問題解決指導

**設定型の問題解決指導**とは，授業の中に子ども自身が問題づくり(問題設定)を行う場を位置付けた学習指導のことを指す。どのような場面から問題づくりを行うかによって，幾つかのタイプに分けられる。例えば，「8＋3の式になるお話（問題）をつくりましょう」や「次の絵を見ていろいろな問題をつくりましょう」のように，与えられた条件をもとに問題をつくる場合がある。これは**条件からの問題づくり**と呼ばれ，教科書でも随所に取り入れられているものであり，比較的取り組みやすいものと言えよう。次に，日常生活や社会の事象から興味・関心に応じていろいろな問題をつくる場合があり，**現実からの問題づくり**と呼ばれる。「身の回りにあるもののおよその体積を求めてみよう」や「身の回りで比が使われているものを探して問題をつくりましょう」のように，数学的な内容をある程度指定することもあれば，「自分が生まれてから何秒たったかな」のように，日常の素朴な疑問や興味・関心から問題をつくることも考えられる。また，ある問題を解決した後に，もとの問題の条件を変更して新たな問題をつくる場合もあり，**問題からの問題づくり**と呼ばれる。ブラウン(S. I. Brown)とワルター(M. I. Walter)の提唱する **"What if not ?"**（～でなければどうか）方略はその有効な手段として有名である。それは次のような手順からなる[22]。

条件からの問題づくり

現実からの問題づくり

問題からの問題づくり

What if not ?

1）そのシチュエーションの属性を列挙せよ。

2）その属性を変えてみよ。

3）変えられた属性についての問題をつくれ。

このようにして，問題を解くだけでなく，類似の問題や発展的な問題を自らつくって考えることは，数学的な考え方の育成で目指す統合的・発展的に考える子どもの一つの姿であり，数学的な考え方の育成という立場できわめて重要な意義をもつものである。

**問題1**　ポリアの著書などをもとに，問題解決ストラテジーについて調べてみよ。

**問題2**　「四角形の内角の和」について方法型の問題解決指導の授業を考えてみよ。

**問題3**　「賞品の分け方の問題」についていろいろな分け方を考えてみよ。

**問題4**　教科書に載せられている問題にWhat if not ? 方略を適用し，いろいろな問題をつくってみよ。また，それを解決し，気づいたことをまとめてみよ。

# §2　認知と理解

私たちは教師として，子どもに算数をよりよく学んでほしいと願うであろう。そのために,子どもが学ぶ知識とはどういうものか(知識)，知識を獲得したとはどういう状態か（理解)，その知識獲得はいかにして起こるのか（認知･メタ認知)，といった点を考える必要がある。

## 1　知識について

子どもが算数の授業で学ぶ知識とはどんな特徴をもつものであるか。知識の捉え方には様々な見方があるが，ここでは，ピアジェによる知識の分類と，概念的知識･手続き的知識の区分に注目する。

### (1)　ピアジェによる知識の分類

算数の授業で子どもが学習する知識も含め，人間が獲得する知識を，ピアジェは，物理的知識，社会的知識，論理・数学的知識の三つに分類した[23)24)]。

物理的知識

社会的知識

**物理的知識**とは，人間のまわりにある事物から抽象(経験的抽象)された知識であり，**社会的知識**とは，社会的慣行や生活的習慣として学ばれた，やはり人間のまわりにある社会の事柄から抽象（経験的抽象)された知識である。例えば，｢ガラス状の平たい玉｣をみて，その形状や材質，大きさや重さ，色などの特徴は，物理的知識とみることができる。また，その玉をまきひろげ，指先ではじき当てて取り合う遊びの道具や，数についての学習具としてみなしたり，その名称を｢おはじき｣と決めたりすることは，社会的知識とみることができる。

論理・数学的知識

それに対し，**論理・数学的知識**とは，人間のまわりの事物に対して働きかけ，その働きかけから抽象(内省的抽象)された，人間の内面に構成された知識である。例えば，2個のおはじきをみて，２本の鉛筆や２冊のノートなどと比較し，それらの集まりに共通する特徴として，それぞれの要素が互いに１対１対応がつけられるとき，その数として２をあてることは，論理･数学的知識の一つである。

数学的知識は，人間の｢外｣からの知識である物理的知識や社会的知識とは本質的に異なるものであり，学習者による数学的活動を通して，学習者自身により構成，獲得されるものである。他人が代わりにその活動を行っても，また，教師に詰め込まれても，学習者には獲得されるものではないという本質をもつ[25]。

### (2) 概念的知識と手続き的知識

知識の側面として，概念的知識と手続き的知識に注目する捉え方がある。

概念的知識

**概念的知識**とは，それが何であるかという内容に関する知識であり，数学的な概念や原理，法則等が該当する。宣言的知識や命題的知識とも呼ばれ，「〜は…である」と表せる。

手続き的知識

一方，**手続き的知識**とは，どのように実行するかという方法に関する知識であり，計算のアルゴリズムや問題解決の手順等が該当する。アルゴリズム的知識とも呼ばれ，「〜ならば…しなさい」と表せる[26][27]。

例えば，速さ（平均の速さ）に関していうと，「速さは，単位時間当たりに進む道のりである」という内容は，速さに関する概念的知識であり，「速さは，道のり÷時間で求められる」という内容は，速さに関する手続き的知識である。

## 2 理　解

では，子どもが知識を獲得した状態をどのように捉えればいいか。スケンプは，一言で**理解**と呼ばれるものにもいくつかの水準があると考え，道具的理解と関係的理解を提唱した[28]。

道具的理解

**道具的理解**とは，ある問題を解くために適切な公式・解法を暗記し，なぜ適切なのかはわからないが，それらを適用できる状態を意味する。この理解の水準では，子どもは，教師や教科書から与えられた公式や問題の解法を暗記し，それらをうまく利用することはできるが，そのような公式や解法がなぜ利用できるのかまではわかっておらず，公式や解法をうまく取り扱うことにのみ集中し，その意味や概念とのつながりを考慮できていないため，習得した知識の関連性を考えることはできない水準である。

関係的理解

**関係的理解**とは，より一般的な数学的関係から，特定の公式・解法を推論できる状態を意味する。道具的理解が公式や解法の暗記に留まるのに対して，この理解の水準は，なぜそういった公式や解法が利用できるのかという根拠や理由を，既習の知識・概念や公式・解法と関係づけて，自分なりに説明できることを意味する。つまり，学習内容やその意味を，自分が納得できる方法で理解している水準である。

例えば，三角形や平行四辺形，台形などの求積公式を学習する際，道具的理解の水準では，それぞれの公式を個々バラバラに暗記しているのに対し，関係的理解の水準では，これらの公式を長方形の面積と関係づけて理解している状態ということができる。つまり，長方形の面積を求める公式から，それぞれの図形の特徴（例えば，三角形の面積は，底辺と高さがそれぞれ等しい長方形の面積の半分とみることができる）を比較・考慮して，それぞれの図形に適した求積公式を自分なりに導き出すことができる水準である。

## 3 認　知

算数の授業において，子どもは算数の知識をどのように学んでいるのか。そのことを考えるために，ここでは，算数の学習における子どもの**認知**について整理する。

心理学における教授･学習理論の立場として，行動主義，認知主義，構成主義，社会文化主義がある[29)30)]。

行動主義

**行動主義**とは，刺激と反応の関係を明らかにすることを目指した心理学の立場である。この立場では，与えられた刺激に対して，求められる反応が正しくできるようになることを学習として捉え，そうした反応をよりよく引き出すための工夫を教授として捉える。スキナーのプログラム学習や，ティーチングマシンなどが有名である。行動主義が，学習者の頭の中で起こっていることをブラックボックスとして捉えるのに対し，学習者の頭の中で起こる認知活動を情報処理過程として捉え，その過程を究明することを目指す立場が，**認知主義**である。この立場では，先行オーガナイザーやスキーマ・スクリプトなどの概念を用いて，学習者の認知活動をモデル化し，そのモデルに適した効率的な教授方法が検討される。

認知主義

行動主義や認知主義の立場は，知識を客観的に把握できる実態として捉え，知識の置かれる状況から分離して構造解明が可能という信念を前提とする点で，教授･学習に関する「客観主義の理論」と呼ばれる。それに対して，知識は，学習者自身によって活動的につくりあげられるものであり，学習者の実世界において適応的で，適合性や生存可能性を備えたものとして変化すると捉える「構成主義の

構成主義

理論」という立場がある。**構成主義**の立場では，学習者を取り巻く社会的な状況や日常生活に関連する意欲，他者との相互作用などに基づく学習に関心が払われ，学習者自らが問題を見つけ，解決方法を探るメタ認知能力も養うことが重視される[31]。

社会文化主義

**社会文化主義**とは，ヴィゴツキー学派によって提唱された立場で，子どもの思考の発達は社会的なものから個人的なものへと向うものと捉える立場である。特に，子どもがある課題を独力で解決できる知能の発達水準と，大人の指導の下や自分より能力のある仲間との共同でならば解決できる知能の発達水準とのへだたりである「発達の最近接領域」に注目し，子どもだけでは困難な科学的概念の獲得にむけて，文化の先輩としての教師の役割や，他者との交流による共同学習を積極的に重視する[32]。

こうした教授・学習理論を背景に，算数教育研究では，状況論，相互作用主義，社会的構成主義が注目されている。

状況論

**状況論**は，人間関係や様々な道具を含む，社会的・文化的な環境としての状況との相互作用を通して，その状況に応じた行為の仕方の獲得を，学習と捉える立場であり，ガッテニョーの「シチュエーションの教育学」，ブルソーの「教授学的状況論」，レイブ･ウェンガーの「状況に埋め込まれた学習」などが代表的研究である。子どもは数学をつくりだすエネルギーを有しており，適切な状況に身を置くことで，そこに潜む数学的関係を意識し，数学をつくることができると考えられている。また，そうした活動を通して日常生活や社会の事象における算数･数学の活用や意味づけも可能となる[33]。

相互作用主義

**相互作用主義**とは，ものごとの意味は，個人がその仲間と一緒に参加する社会的相互作用から導き出され，発生するという立場である。この立場において，意味は，客観的に存在するものでも，個人的なものでもなく，個人と個人がコミュニケーションやネゴシエーションなどの相互作用を通してつくりだすものであり，その過程で合意されたものと捉えられる。したがって，この立場において，学習は，子どもが教師や仲間と相互作用的に文化を構成する活動として捉えられている[34]。

社会的構成主義

**社会的構成主義**とは，知識を構成する個人的な主体と社会的な世界とが分解できない仕方で相互に連結していると考え，他者との相互作用などの社会的基盤のもとで知識が構成されると考える立場である。この立場では，数学的知識は，まず個人が構成し，それを公表し，批判や修正を経て合意された知識(客観的な知識)になると考えられている[35)36)]。

## 4　メタ認知について

メタ認知

**メタ認知**とは，知識や技能がうまく活用されているかなど，その認知作用を調整する作用のことである[37)]。例えば，算数の計算をするとき,「この問題は難しそうだ」「どんな知識を使えばいいか」「何に注意すればいいか」など，自分が行っている計算について考えるといった，自分自身の認知に対する認知のことである。

メタ認知的知識

メタ認知的技能

これまでの数学教育研究では，メタ認知は，メタ認知的知識とメタ認知的技能という側面で捉えられてきた。**メタ認知的知識**とは，認知作用の状態を判断するために蓄えられた環境，課題，自己，方略についての知識，**メタ認知的技能**とは，認知作用を直接的に調整するモニター，自己評価，コントロールの技能を意味し，それらの構成要素が次のように捉えられてきた[38)]。

メタ認知の構成要素

| メタ認知的知識(メタ知識) | メタ認知的技能(メタ技能) |
|---|---|
| 環境に関するメタ知識：<br>環境の状態が，認知作用にどのように影響するかに関する知識（例　試験でないから，間違ってもいい）<br>課題に関するメタ知識：<br>課題の本性が，認知作用にどのように影響するかに関する知識（例　前にやった問題は，易しい）<br>自己に関するメタ知識：<br>自己の技能，能力が，認知作用にどのように影響するかに関する知識（例　式さえわかれば，計算には自信がある）<br>方略に関するメタ知識：<br>認知作用をよくするための方略に関する知識（例　わかったことを図にかいた方がわかりやすい） | モニターに関するメタ技能：<br>認知作用の進行状態を直接的にチェックする技能（例　前にやった問題か）<br>自己評価に関するメタ技能：<br>認知作用の結果をメタ知識と照合して直接的に評価する技能（例　おもしろい）<br>コントロールに関するメタ技能：<br>自己評価にもとづいて認知作用を直接的に制御する技能（例　前やった通りにしろ） |

(38)より，筆者作成)

メタ認知の育成にむけて，これまで「算数作文」[39)]や「ふきだし法」[40)]などが考案，実践されてきた。また，複雑で見慣れない非定型的課題（CUN課題：Complex, Unfamiliar and Non-routine）を用いることで，これからの革新型社会で必要とされる数学的リテラシーの一部として，メタ認知を育成しようという考え方もある[41)]。

**問題** 次期学習指導要領で強調されている「数学的な見方・考え方」や「主体的・対話的で深い学び」について整理し，上記の内容(知識，理解，認知，メタ認知)と比較せよ。

# §3 数学的リテラシー

近年，様々な場面で「リテラシー」という言葉を耳にする。その契機はOECDのPISA調査であろう。実際2000年以降，教育学会誌では「科学的リテラシー」や「数学的リテラシー」に関する論文が顕著に増えている。

一方で，「リテラシー」は単純に「読み書き」と言ういわゆる識字を超える概念として，教育学では古くから議論が重ねられ，今日の教育を語る上でなお本質的なものである。そこで本節ではまずリテラシーとは何かを確認し，その後，数学的リテラシーとそれに類似する概念を取り上げていく。

## 1 リテラシー概念の二つの系譜

リテラシーの定義

**リテラシー**は元来「教養」を意味する語として発生した。中世においては，聖書を読めることが「教養」だとみなされ，転じて「識字」と言う意味が付加された。

さて，二度の大戦後，平和を祈願し知的・文化的・教育的機関としてユネスコが設立され，現在まで国際教育の旗手としての役割を担っている。ユネスコは，「識字(リテラシー)」を単純な読み書きを超えるものとして位置づけ，「識字」を身につけることによって自分たちの世界を理解して，より理性的な態度を身につけ，行動形式を改善することができるようになるとし，このような力を「**機能的リテラシー**」と定義した[42]。これは，自ら習得した知識や能力を，社会に適応させ発揮する力と捉えられる。

機能的リテラシー

一方，リテラシーには他の側面がある。1970年代，ブラジルの教育学者パウロ・フレイレの実践に起因するものだ。フレイレは，当時圧制により抑圧されていた一般民衆に教育実践を行い，識字を身につけていく過程で，自らと他者，あるいは現実世界との関係性を認識し，自らが置かれた文脈を理解し，そこからより人間的に生きるべく，自己と他者を解放しようと試みた。これは「**批判的リテラシー**」と呼ばれる[43]。ここで批判的とは，単に非難することではな

批判的リテラシー

く，無条件に事物を受け入れることなく，まず立ち止まり考え，理解，判断することを指す。フレイレが目指したものは，学習を通して世界を読み解きながら，自らと他者のあり方を考える力と言えよう。

つまりリテラシーとは，今もつ知識や技能を現実世界に応用することのできる能力という「機能的側面」と，世界の中に他者や自己を位置づけることのできる能力という「批判的側面」の２面性をもつことがわかる。

## 2　機能的側面からみた数学的リテラシー

機能的側面をもつ数学的リテラシーとして，冒頭に挙げた「OECD生徒の学習到達度調査（PISA）」が挙げられる。世界経済の牽引役である経済開発協力機構（OECD）は，参加国からの要請を受け，これからの社会で必要となるコンピテンシー（能力）を検討するプロジェクトを立ち上げた。その一環として，基礎教育段階終了時に生徒が身につけたコンピテンシーを把握すべく開始したものが**PISA**と呼ばれる調査だ。

PISA調査

PISAではリテラシーを読解力（読解リテラシー），科学的リテラシー，数学的リテラシーの３つに分け，それぞれ個別に定義している。主な特徴は，生徒が獲得した知識や技能ではなく，それらを現実世界の中でいかに活かすことができるかという点に焦点が当てられていることだ。**数学的リテラシー**では，その過程が数学化サイクルとして次の図のように示されている[44]。

数学化サイクル

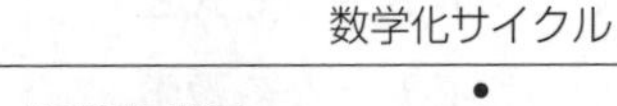


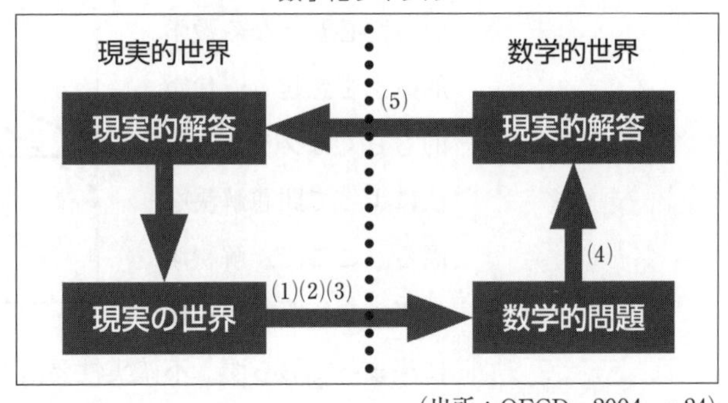


（出所：OECD，2004，p.24）

まず（1）現実世界の問題を足がかりとして，それに基づき（2）必要となる数学的概念を構成し，（3）仮説設定や一般化などのプロセスを通して現実を整理し，（4）数学の問題を解く。一般的に，数学の学問性に則った授業では，この数学的解答段階のあと，その事象の抽象化を図り，一般化することが求められる。これは数学の学問的本質性に根ざした**構造指向**と呼ばれる。一方，数学的リテラシーでは，(5) 現実世界への還元が図られること，つまり数学的解答を現実の状況に照らし合わせ解釈することに特徴がある。ここでは，数学的な問題解決が求められるのみならず，それを現実世界における問題解決へ繋げることこそが，生徒に身につけるべき力であると捉えられ，**応用指向**と呼ばれる。

構造指向

応用指向

ここで具体的にPISAの問題をみていく[45]。

> ある学校ではクラス遠足に行くことになり，バスを借りたいと考えています。そこで3つの会社に連絡して，料金について聞きました。
>
> A社は基本料金375ゼットに，走行距離1kmあたり0.5ゼットを加算します。B社は基本料金275ゼットで走行距離1km当たり0.75ゼットを加算します。C社は200kmまで一律350ゼットで，200kmを越える分については1km当たり1.02ゼットを加算します。
>
> 遠足の走行距離が400kmから600kmの間であるとすると，そのクラスはどの会社のバスを借りたらよいでしょうか。

この問題は現実的であり，実際に様々な状況で問題設定と同様の判断を求められる場面に出くわすであろう。数学化サイクルに則り問題解決の過程をみていくと，生徒はまず問題設定を的確に把握することを迫られる。次いで方程式や不等式といった必要となる数学的概念を想起し，代数的もしくはグラフ的方法によって問題解決を図る。ここで，解釈する際，走行距離が正確に決まっておらず，不確実性要素を加味した上で現実的な解釈をした上で解答を求める必要が出てくる。

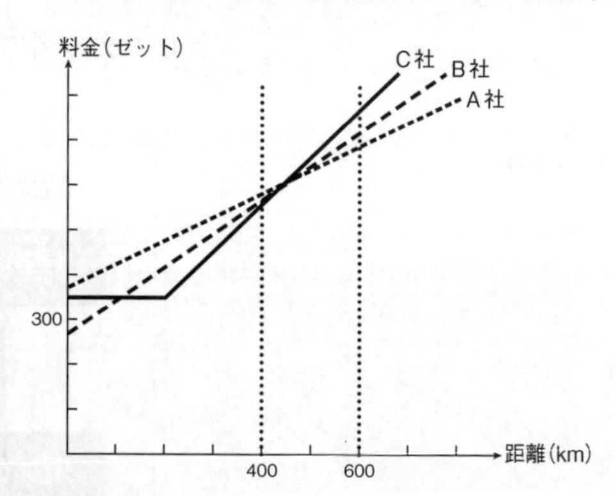


このPISA型数学的リテラシーは，わが国にも大きな影響を及ぼし，2007年より実施されている「**全国学力・学習状況調査**」には，知識に関する問題（A問題）と並んで，数学的リテラシーに相当する活

全国学力･学習状況調査

用に関する問題（B問題）が出題されている。

数学的モデリング

また現実と数学を結びつける理論として数学的モデリングが挙げられ，この理論に基づく多くの教材開発や授業実践がなされている。

## 3　批判的側面からみた数学的リテラシー

批判的な数学的リテラシーとは，数学の問題解決を通し，自己や他者について理解を深めるものである。その一例として社会的オープンエンドアプローチを取り上げる。

様々な数学的解法や解を導ける問題をオープンエンドアプローチと呼ぶが，この中で数学性を越えてオープンな解を探求していくと，人間活動としての価値や倫理の問題あるいは道徳性の問題へと関わってくる。この様に条件や解を含めて議論したり選択したりする事を通し，社会的な判断力を養うことを**社会的オープンエンド**アプローチと呼ぶ。次の問題は，その一例である[46]。

> 学校対抗のサッカー大会があります。選手，コーチ，おうちの方を含めて210人で行きます。バスでグランドまで行きますが，それぞれのバスには40人が乗れます。もしあなたがバスを注文するとしたら，グランドに行くために何台のバスを注文しますか。ただし，バスは１台３万円します。また，学校から大会が行われるグランドまでは10km離れています。

この問題は唯一の正当があるわけではなく，バスの台数の決め方は生徒がどのような基準をもとに考察するかで異なる。基準となる根拠は，思いやり，経済性，快適性，平等・公平性，安全性など生徒にとって重要な価値観であり，問題解決を通しそれが顕在化していく。島田（2015）は授業実践を通して，実際に表のような，子どもの多様な解法と価値観を報告している。

社会的オープンエンドアプローチの授業の流れは５つの段階からなる。まず，(1) 価値の顕在する問題を設定する。次いで (2) 生徒は問題解決を通し，自らの価値観を顕在化させる。そして (3) 他者との交流を通し，様々な価値観があることに気づく。その後 (4) それらの価値観を整理し，組織化する過程を通し，(5) 多様な価値観の中から，自らの価値観を再確認する。

バス問題に対する生徒の解答例

| 発表者 | 数学的モデル | 価値観 | バスの台数 | 1台の人数 | バスの代金 | わり算の種類 |
|---|---|---|---|---|---|---|
| S | 210÷40＝5…10，10人が乗れないのはかわいそうだから 5＋1＝6　6台。 | 思いやり。 | 6台 | 5台：40人，1台：10人 | 3万円×6＝18万円 | 包含除 |
| O | 210÷40＝5…10，10人が乗れない人ができるから1台節約するのはだめ。荷物置き場にする。ゆったりコース希望。 | 思いやり，ゆったりしたい。 | 6台 | 5台：40人，1台：10人＋荷物 | 3万円×6＝18万円 | 包含除 |
| Y | 210÷40＝5…10，10人余った人は補助席に乗ってもらう。(ミニバスをたのむと高くなるから頼まない) あんまりお金を使いたくないから。 | 節約したい。 | 5台 | 210÷40＝5…10<br>10÷5＝2<br>40＋2＝42<br>1台：42人 | 3万円×5＝15万円 | 包含除 |
| M | (210÷40＝5…10の式を立ててから，窮屈だと思って次の式に変更している。2つめのサイクルが次の式である)。210÷10＝21　1台に21人ずつ乗せる。その方が広々と使えるから。 | 超ゆったりしたい。 | 10台 | 210÷10＝21<br>1台に21人 | 3万円×10＝30万円 | 等分除 |
| R | 210÷40＝5…10　5＋1＝6<br>210÷6＝35人　5台だと座れないから余裕を持たせるため。 | みんな公平だし，ゆったり乗れるから。 | 6台 | 210÷40＝5…10<br>5＋1＝6<br>210÷6＝35人 | 3万円×6＝18万円 | 包含除 |
| E | 210÷40＝5…10で5台でも良かったけど，残りの10人がかわいそうだし，一緒に乗ったとしてもけっこうきつそうだから6台。補助席危ない。子どもだから。荷物も載せられるし。 | 思いやり，安全，ゆったり | 6台 | 210÷40＝5…10<br>5台：40人<br>1台：10人＋荷物 | 3万円×6＝18万円 | 包含除 |
| A | 210÷40＝5…10，大型バス6台よりも大型バス5台＋ミニバスの方が安いから混ぜた。ぴったりのせられないからかわいそう。 | 思いやり，節約。 | 5台とミニバス1台 | 210÷40＝5…10<br>5台：40人<br>ミニバス1台：10人 | 3万円×5＋1.5万円＝16.5万円 | 包含除 |

他者の価値観を知ることを通し，自分をその中に位置付け，多様性を認識しながら，自らの方向性を模索する過程は，批判的リテラシーの系譜を担うものとして捉えられよう。

**問題1**　数学化サイクルに即した現実的解釈を必要とする問題を作問せよ。

**問題2**　社会的オープンエンドに即した価値観の顕在化する問題を作問せよ。

## 引用文献

１）飯田慎司（2009）「問題解決と数学的な考え方」，九州算数教育研究会編，『改訂　算数科教育の研究と実践』，日本教育研究センター，pp.35-44
２）清水美憲（2006）「問題解決型の授業の意義と構成について調べよう」，算数科教育学研究会編，『新編　算数科教育研究』，学芸図書，pp.177-182
３）文部科学省（2018）『小学校学習指導要領解説（平成29年告示）　算数編』，日本文教出版，p.25
４）海後宗臣編纂（1962）『日本教科書体系　近代編　第十三巻　算数（四）』，講談社，p.626
５）前掲書1）
６）G. ポリア著，柿内賢信訳（1954）『いかにして問題をとくか』，丸善
７）池田敏和（2010）「数学的モデル化」，日本数学教育学会編，『数学教育学研究ハンドブック』，東洋館出版社，pp.272-281
８）経済協力開発機構（OECD）編著，国立教育政策研究所監訳（2010）『PISA2009年調査　評価の枠組み　OECD生徒の学習到達度調査』，明石書店，p.136
９）前掲書3），p.8
10）石田忠男（1990）「数学的な考え方とその指導」，岩合一男編，『算数・数学教育学』，福村出版，pp.24-28
11）植田敦三（2010）「算数教育の目標」，数学教育研究会編，『新訂　算数教育の理論と実際』，聖文新社，pp.9-34
12）中島健三（2015）『復刻版　算数・数学教育と数学的な考え方－その進展のための考察－』，東洋館出版社，pp.38-39
13）前掲書３），p.23
14）前掲書12），p.39
15）片桐重男（2004）『数学的な考え方の具体化と指導』，明治図書
16）前掲書12），p.69
17）杉山吉茂（2008）『初等科数学科教育学序説』，東洋館出版社，pp.11-14
18）石田忠男，川嵜昭三編（1987）『算数科問題解決指導の教材開発』，明治図書
19）藤井斉亮（2015）「注入型授業から問題解決型授業へ」，『算数・数学科教育』，一藝社，pp.10-14
20）前掲書18），p.12
21）坪田耕三（1993）「算数科オープンエンドアプローチ」，明治図書，p.77-79
22）S. I. ブラウン，M. I. ワルター著，平林一榮監訳（1990）『いかにして問題をつくるか　問題設定の技術』，東洋館出版社
23）C. カミイ，G. デクラーク（著），平林一栄（監訳），井上厚，成田錠一，福森信夫（翻訳）（1987）『子どもと新しい算数：ピアジェ理論の展開』，北大路書房
24）平林一栄（2001）「授業とは何か：数学教育における認識論的授業論」近畿数学教育学会『近畿数学教育学会会誌』第14巻，pp.34-41
25）平林一栄（1995）「数学教育における活動主義」日本数学教育学会（編）『数学学習の理論化へむけて』，産業図書，p.306
26）崎谷眞也（2000）「概念的知識･手続き的知識」中原忠男（編）『重要用語300の基礎知識５巻算数･数学科重要用語300の基礎知識』，明治図書，p.25
27）礒田正美（編著）（1996）『多様な考えを生み練り合う問題解決授業：意味とやり方のずれによる葛藤と納得の授業づくり』，明治図書
28）Skemp, R. R.（1976）Relational Understanding and Instrumental Understanding. *Mathematics Teaching* No.77，pp.20-26

29） 久保田賢一（1995）「教授・学習理論の哲学的前提：パラダイム論の視点から」『日本教育工学雑誌』第18巻第3-4号，pp.219-231
30） 佐伯胖（2014）「そもそも『学ぶ』とはどういうことか：正統的周辺参加論の前と後」特定非営利活動法人組織学会『組織科学』48(2)，pp.38-49
31） 箱田裕司・都築誉史・川畑秀明・萩原滋（2010）『認知心理学』，有斐閣
32） 中村和夫（2004）『ヴィゴツキー心理学完全読本―「最近接発達の領域」と「内言」の概念を読み解く』，新読書社，p.11
33） 佐々木徹郎（2000）「状況論」中原忠男（編）『重要用語300の基礎知識５巻　算数・数学科重要用語300の基礎知識』，明治図書，p.42
34） 中原忠男（2000a）「相互作用主義」中原忠男（編）『重要用語300の基礎知識５巻　算数・数学科重要用語300の基礎知識』，明治図書，p.48
35） 大谷実（2010）「認識論等に基づく授業づくり」日本数学教育学会『数学教育学研究ハンドブック』，東洋館出版社，pp.182-194
36） 中原忠男（2000b）「構成主義」中原忠男（編）『重要用語300の基礎知識５巻　算数・数学科重要用語300の基礎知識』，明治図書，p.36
37） 重松敬一，勝美芳雄（2010）「メタ認知」日本数学教育学会『数学教育学研究ハンドブック』，東洋館出版社，pp.310-317
38） 重松敬一（1990）「メタ認知と算数・数学教育－「内なる教師」の役割」，平林一栄先生頌寿記念出版会編『数学教育学のパースペクティブ』，聖文社，p.78
39） 重松敬一，勝美芳雄，勝井ひろみ，生駒有喜子（2002）「算数作文の指導による中学年児童へのメタ認知的支援」公益社団法人日本数学教育学会『日本数学教育学会誌』第84巻第４号，pp.10-18
40） 亀岡正睦（1996）「『ふきだし法』による指導と評価の一体化に関する研究」公益社団法人日本数学教育学会『日本数学教育学会誌』第78巻第10号，pp.297-302
41） OECD教育研究革新センター編著，篠原真子，篠原康正，袰岩晶（訳）（2015）『メタ認知の教育学－生きる力を育む創造的数学力』，明石書店
42） UNESCO（1975）“*Declaration of Persepolis*”，UNESCO
43） フレイレ・パウロ（1979）『非抑圧者のための教育学』，亜紀書房
44） OECD（2004）『PISA2003年調査評価の枠組み』，ぎょうせい
45） OECD（2010）『PISA2009年調査評価の枠組み』，ぎょうせい
46） 島田功（2015）『算数・数学教育における多様な価値観に取り組む力の育成に関する研究：社会的オープンエンドな問題を通して』，広島大学博士論文

# 第3章　算数科学習指導の展開

## §1　数学的な見方・考え方

数学的な見方・考え方の重要性

平成29年に告示された小学校学習指導要領では，算数科の目標のはじめの一文は，「**数学的な見方・考え方**を働かせ，数学的活動を通して，数学的に考える資質・能力を次のとおり育成することを目指す」[1) ]となっている。したがって，いわゆる資質・能力の**三つの柱**の育成には数学的な見方・考え方が欠かせず，逆に，資質・能力が育成されることによって数学的な見方・考え方が成長することも指摘されている。また，深い学びに数学的な見方・考え方が重要であることも指摘されており，算数の学びには数学的な見方・考え方が不可欠であることがわかる。

しかし，これまでも「**数学的な考え方**」は，算数科で目標に掲げられていたり評価の観点の一つとして扱われたりしており，数学的な見方・考え方とどのような点が同じでどのような点で異なるかが明確ではない。例えば，平成29年告示の学習指導要領の算数科の目標では，思考力は次のように記述されている：「日常の事象を数理的に捉え見通しをもち筋道を立てて考察する力，基礎的・基本的な数量や図形の性質などを見いだし統合的・発展的に考察する力」[2)]。

数学的な思考力

そうすると，「事象を，数量や図形及びそれらの関係などに着目して捉え，根拠を基に筋道を立てて考え，統合的・発展的に考えること」[3)]とする数学的な見方・考え方とあまり変わりがないように感じられる。つまり，従来の「数学的な考え方」に当たる思考と数学的な見方・考え方との違いがわかりにくい。そのため，数学的な見方・考え方をどのように捉えればよいか明確ではなく，算数の授業でどのような点に留意していけばよいかも明確ではない。

そこで，「数学的な考え方」と比較して，数学的な見方・考え方をより明確にし，具体例を挙げながら授業の留意点についても考えていく。

## [1] 数学的な見方・考え方と「数学的な考え方」

「数学的な考え方」は，算数科において，昭和33年告示の学習指導要領の目標にはじめて記述され，平成20年告示の学習指導要領では評価の観点の一つとして挙げられている。しかし，文部科学省が明確な定義を行っている訳ではなく，理論・実践レベルで様々な研究が行われてきた。特に，中島健三と片桐重男の研究がよく参照される。

中島健三の数学的な考え方

中島は，「数学的な考え方」を「一言でいえば，算数・数学にふさわしい創造的な活動ができることである」[4]と述べている。つまり，算数の授業でいえば，子どもたちが自ら新しい内容を創り出す際に必要となる考えである。長崎は，このような見解に加え，算数を算数学習以外の場に使う際に必要となる考え方も加えるべきことを主張している[5]。したがって，現実の世界と数学の世界の両サイクルに位置づく数学的活動において，「数学的な考え方」は不可欠であることはいうまでもない。そして中島は，「数学的な考え方」を次のように構造化している[6]。

数学的活動における数学的な考え方

1．課題を，簡潔，明確，統合などの観点をふまえて把握すること
2．仮想的な対象の設定とその実在化のための手法
3．解決の鍵としての「数学的なアイデア」の存在と意識化
4．構造の認識と保存：特に拡張・一般化による創造の手法と論理
5．評価：解決の確認とその真価の感得，残された問題点と発展への志向

詳細は省略するが，この構造は，問題解決の際，はじめに何らかの着想やアイデアをもち，それに従って解決を行い，最後に振り返ってその着想やアイデアの価値を感得することにより，それらが「数学的な考え方」へと高まることを示している。

片桐重男の数学的な考え方

また，片桐は，それまでの「数学的な考え方」の議論から，単位の考えのような数学の内容に関係する数学的な考え方と，帰納的な考え方のような数学の方法に関係する数学的な考え方，それらに加え，自ら進んで自己の問題や目的・内容を明確に把握しようとすることのような数学的な態度も含めて「数学的な考え方」の精緻化を図って

いる[7]。片桐は，「数学的な考え方」を問題解決に必要な知識や技能を引き出す原動力として捉え，また数学的な態度をそのような「数学的な考え方」を引き出す原動力として捉えている。

思考の原動力としての数学的な見方・考え方

ここで，数学的な見方・考え方をみてみると，「算数の学習において，どのような視点で物事を捉え，どのような考え方で思考をしていくのかという，物事の特徴や本質を捉える視点や，思考の進め方や方向性を意味することとなった」[8] とされている。この記述から，数学的な見方・考え方は，中島の「数学的な考え方」の捉え方でいえばはじめの着想やアイデアに相当し，片桐の捉え方では「数学的な考え方」を引き出す原動力である数学的な態度に相当することがわかる。

## 2　数学的な見方・考え方の捉え方

数学的な考え方を方向づける数学的な見方・考え方

上記の比較から，**数学的な見方・考え方**は，比較的に長いプロセスで働く思考としての「数学的な考え方」を方向づけるものであり，その初期に位置づくものであるといえよう。また，数学的な見方・考え方は成長しうるものであるから，思考のある瞬間を切り取ったところにも現れると考えた方がよいであろう。つまり，瞬間的な数学的な見方・考え方を連続的に積み重ねたものが「数学的な考え方」であり，特にその初期に位置づくものを重視しているのである。

創造的活動としての数学観

また，算数科の内容の特徴の一つとして系統性が挙げられる。つまり，算数の授業では，ほとんどの内容で，既習事項に基づいて学習内容を創り出したり理解したりすることができる。したがって，数学的な見方・考え方も既習事項に基づいた見方・考え方であるとみなすことができるため，授業でいえば，はじめに問題をみたときに，既習事項に基づいて「○○に着目して△△のように考えれば解けそうだ」と考えることであると捉えることができる。

例えば，第２学年のひき算の筆算の学習を考えよう。この単元では，数のまとまり（位）に着目し，第1学年で学習した１桁のひき算の方法を発展させて筆算について考え，たし算の筆算と統合していく思考が求められる。この導入の時間で，例えば39－12の問題が提示されたとき，２桁のひき算を学習したことはないが，たし算のときのように位に着目したらこれまでのひき算が使えるのではないかと考えたとしよう。これが数学的な見方・考え方である。これにより，この後，実際にブロック等の操作を行って位ごとに計算する方法を見いだし，たし算と同様に筆算でできることを類推することができるであろう。

また，第５学年の平行四辺形の面積の学習を考えてみよう。この単元では，面積の単位に着目し，これまでに学習した正方形や長方形の面積の求積方法を発展させて平行四辺形の面積の求積方法について考え，底辺と高さの関係として面積の求積方法を統合していく思考が求められる。例えば導入で，底辺が６cm，高さが４cmの平行四辺形が提示されたとき，面積の単位に着目し，平行四辺形をこれまでに学習した長方形に変形できれば面積を求めることができるのではないかと考えたとき，これが数学的な見方・考え方に当たる。これにより，この後，平行四辺形の等積変形を行って長方形に変形できれば面積を求めることができるであろう。

数学的な見方と内容に関係する数学的な考え方

上記の例のように，数学的な見方は「事象を数量や図形及びそれらの関係などに着目して捉え」[9]ることであり，ひき算の筆算では基準(位)に着目し，平行四辺形の面積では単位に着目している。これは，片桐の指摘する数学の内容に関係する数学的な考え方（単位の考え)であり，これと数学的な見方は密接な関係にある。

## 3 授業における留意点

先にも述べたが，上述の例をみてわかるように，数学的な見方・考え方は既習事項に基づいており，これまでの学習成果といっても過言ではない。そのため，教材研究や学習指導案を作成する段階で児童の既習事項を確認し，児童がどのような数学的な見方・考え方を働かせるのかを予想しておくことが重要である。

既習事項の確認

例えば，ひき算の筆算では，第１学年のひき算を意識しすぎて位に着目しないかもしれない。そのようなことがないように，問題を理解するときにたし算の筆算と関連づけるような手立てが必要になるであろう。また，平行四辺形の面積では，面積の公式を意識しすぎて単位に着目せず，底辺とそれに対して直交していない辺とに着目するかもしれない。そのような場合，面積の単位が正方形であることに注意を向ける手立てが必要になるであろう。

また，中島の捉え方の「５．評価」は授業において大切である。つまり，授業の振り返りで数学的な見方・考え方を意識することに

授業の振り返り

より，それが鍵となって学習が進んだことやその変容などを自覚することができる。思考としての「数学的な考え方」が1時間の授業で連続しているとするならば，それは金太郎飴のようなものである。つまり，最初の切り口(数学的な見方・考え方)と最後の切り口(まとめにみられる見方・考え方)が同じ金太郎では変容がなかったことになる。最後の切り口は別の模様に変わっていないといけない。そのような変容を自覚したり，よさを感得したりすることによって，思考力が高まることにもなるのである。

数学的な見方・考え方の顕在化

例えば，ひき算の筆算では，たし算のときと同じように考えることで，39と12を縦に並べ，位をそろえるというアイデアが現れ，そのよさを感得することで十進位取り記数法の理解も深まっていく。また，平行四辺形の面積では，長方形と同じように考えることで，辺と辺の関係ではなく底辺と高さの関係について考えるというように数学的な見方・考え方が変容する。このような数学的な見方・考え方のよさの感得や変容の自覚のためには，授業のはじめとまとめの段階で見方・考え方を顕在化し，振り返りの段階でそれらを比較することが大切である。

ただし，数学的な見方・考え方は１時間の授業で必ず変容する訳ではなく，単元を通して変容するような場合もあることに注意が必要である。また，思考についても，１時間で連続しているとみることができるが，途中で大きな隔たりがあって飛躍する場合もある。思考が飛躍した場合，異なる数学的な見方・考え方が働いているはずなので，それも顕在化させることが重要である。

**問題1**　第１学年「繰り上がりのあるたし算」の導入で働く数学的な見方・考え方について述べよ。

**問題2**　第６学年「比」の導入で働く数学的な見方・考え方について述べよ。

**問題3**　数学的な見方・考え方のよさを感得させるための授業展開について，問題１と２を例にして考えよ。

# §2　数学的活動

平成29年告示の小学校学習指導要領において，算数科のキーワードの一つとなっているのが「**数学的活動**」である。算数科の「教科の目標」の冒頭には「数学的な見方・考え方を働かせ，数学的活動を通して」とあるが，これは，数学的に考える資質・能力[10]の育成を目指すための算数・数学の学習指導の基本的な考え方を述べたものである[11]。つまり，数学的活動について理解し，算数科の授業でそれを実現していくことが，教師には求められている。

数学的に考える資質・能力

以下では，『小学校学習指導要領（平成29年告示）解説　算数編』をもとに，数学的活動について考察する。

## 1　数学的活動の基礎

### (1)　数学的活動の定義

算数的活動

算数科における数学的活動[12]は，「事象を数理的に捉えて，算数の問題を見いだし，問題を自立的，協働的に解決する過程を遂行すること」と定義され，従来の「算数的活動」の意味を，問題発見や問題解決の過程に位置付けてより明確にしたものであるとされている。したがって，算数科における数学的活動の定義には，従来の算数的活動の意味(定義)が含まれるものとして理解すべきである。従来の算数的活動[13]は「児童が目的意識をもって主体的に取り組む算数に関わりのある様々な活動」を意味していた。ここで「目的意識をもって主体的に取り組む」とは，「新たな性質や考え方を見いだそうとしたり，具体的な課題を解決しようとしたりすること」である。算数科の授業で，こうした児童の姿を生み出すことが求められているということである。

数学的活動には含まれないものの例として「教師の説明を一方的に聞くだけの学習」や「単なる計算練習を行うだけの学習」が挙げられている[14]が，児童の活動が数学的活動であるかどうかを判断する際には，その定義に照らして考えることが必要である。

### (2)　算数科の学びの過程としての数学的活動

数学的活動は，次の二つの**問題発見・解決の過程**が相互に関わり合って展開するものとして示されている[15]。

（Ⅰ）日常の事象を数理的に捉え，数学的に表現・処理し，問題を解決したり，解決の過程や結果を振り返って考えたりすること

（Ⅱ）算数の学習場面から問題を見いだし解決したり，解決の過程や結果を振り返って統合的・発展的に考えたりすること

統合的・発展的に考える

また，各場面で言語活動を充実させ，それぞれの過程や結果を振り返り，評価・改善することができるようにする，としている。

これを示したのが，次のイメージ図である。

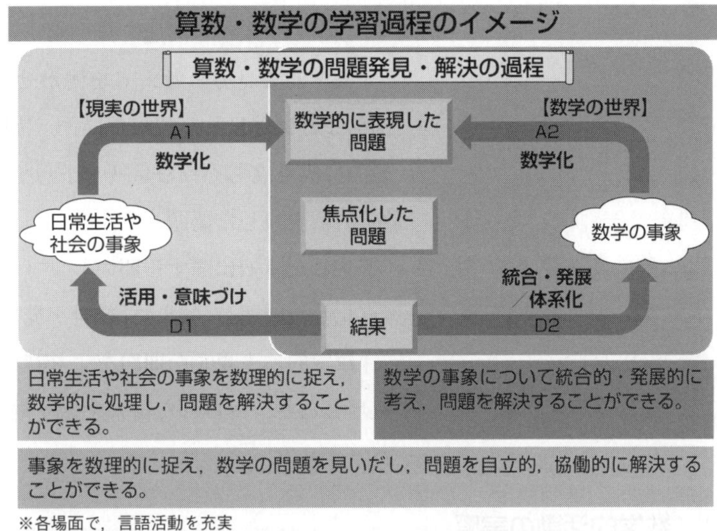


つまり，（Ⅰ）は【現実の世界】における問題発見・解決の過程であり，（Ⅱ）は【数学の世界】における問題発見・解決の過程である。

この問題発見・解決の過程を構成する要素については，『中学校学習指導要領（平成29年告示）解説　数学編』で，次のように説明されている[16)]。

（Ⅰ）【現実の世界】における問題発見・解決の過程

〔日常生活や社会の事象の数学化〕

「日常の事象や社会の事象を数理的に捉える過程」

「現実世界の事象を考察する際に，目的に応じて必要な観点をもち，その観点から事象を理想化したり抽象化したりして，事象を数量や図形及びそれらの関係などに着目して数学の舞台にのせて考察しようとすること」

〔数学的に表現した問題〕

「数学的な見方・考え方を働かせ，事象を目的に応じて数学の舞台にのせたもの」

〔焦点化した問題〕〔結果〕〔活用・意味づけ〕

「数学的に表現した問題をより特定なものに焦点化して表現・処理し，得られた結果を解釈したり，類似の事象にも活用したりして適用範囲を拡げる」

（Ⅱ）【数学の世界】における問題発見・解決の過程

〔数学の事象の数学化〕

「数学の事象から問題を見いだす過程」

「数学的な見方・考え方を働かせ，数量や図形及びそれらの関係などに着目し，観察や操作，実験などの活動を通して，一般的に成り立ちそうな事柄を予想すること」

〔数学的に表現した問題〕

「予想した事柄に関する問い」

〔焦点化した問題〕〔結果〕〔統合・発展／体系化〕

「数学的に表現した問題をより特定なものに焦点化して表現・処理したり，得られた結果を振り返り統合的・発展的に考察したりする」

## 2 数学的活動の実際

### (1) 数学的活動の類型とその具体例

数学的活動が，二つの問題発見・解決の過程が相互に関わり合って展開するものとして示されていることを踏まえ，その類型として次の４つが挙げられている[17]。

(a) 日常の事象から見いだした問題を解決する活動

(b) 算数の学習場面から見いだした問題を解決する活動

(c) 数学的に表現し伝え合う活動

(d) 数量や図形を見いだし，進んで関わる活動

(a) は「(Ⅰ) 日常の事象を数理的に捉え，数学的に表現・処理し，問題を解決したり，解決の過程や結果を振り返って考えたりすること」(【現実の世界】における問題発見・解決の過程) に対応するもので，次の図のように示されている。

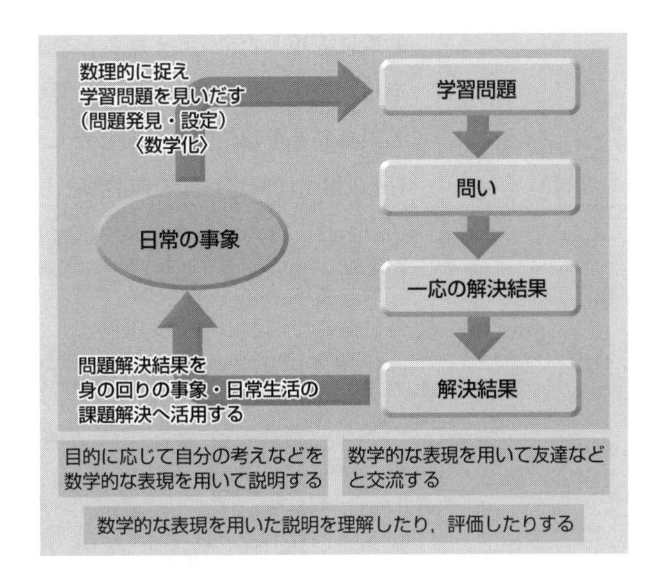


(b) は「(Ⅱ) 算数の学習場面から問題を見いだし解決したり，解決の過程や結果を振り返って統合的・発展的に考えたりすること」(【数学の世界】における問題発見・解決の過程) に対応するもので，次の図のように示されている。

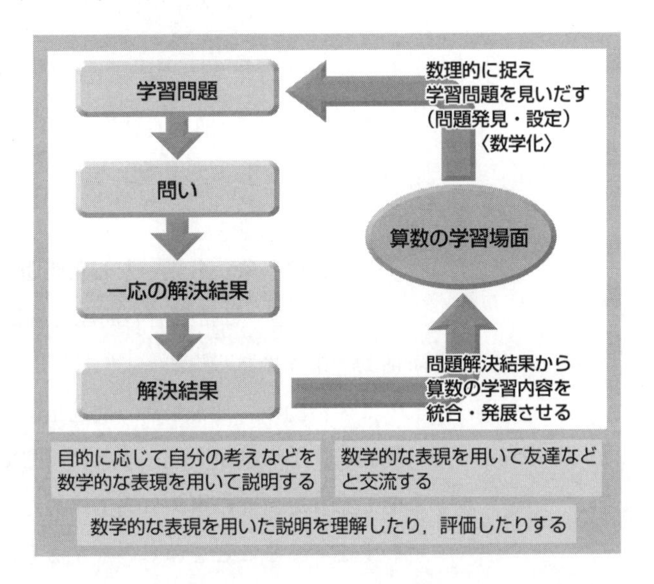


(a) と (b) の活動の過程を構成する〔学習問題〕〔問い〕〔一応の解決結果／解決結果〕はそれぞれ，前述のイメージ図の問題解決・発見の過程を構成する〔数学的に表現した問題〕〔焦点化した問題〕〔結果〕に対応すると考えられる[18]。

(c)は，言葉や図，数，式，表，グラフなどを適切に用いて，数量や図形などに関する事実や手続き，思考の過程や判断の根拠などを的確に表現したり，考えたことや工夫したことなどを数学的な表現を用いて伝え合い共有したり，見いだしたことや思考の過程，判断の根拠などを数学的に説明したりする活動で，多くの場合，(a) や (b)と相互に関連し一連の活動として行われることになる。

(d) は，身の回りの事象を観察したり，小学校に固有の具体的な操作をしたりすること等を通して，数量や図形を見いだして，それらに進んで関わって行く活動として第１学年から第３学年に位置付けられたもので，次の図のように示されている。

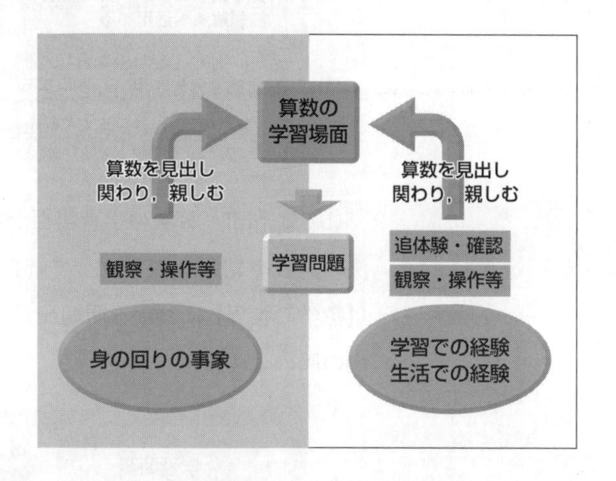


ここで，(a)と(b)の具体例について，図に示されている問題発見・解決の過程を分析してみよう。

**①　日常の事象から見いだした問題を解決する活動**

「第３学年　日常生活の問題を解決し，得られた結果を吟味する活動～余りのある除法～」[19]

この活動は，日常生活の問題を除法で解決した結果，余りがある場合に，その結果を元の事象に戻して考え，算数での処理の結果である余りを，元の事象に当てはめたときにどのように解釈すればよいかを考えることをねらいとするものである。

例えば「クラスの子どもが座れるよう長椅子を何台か用意する」という〔日常の事象〕を考察する際，「クラスの子どもの人数」や「長椅子１台に座れる子どもの人数」といった観点から事象をとらえ(数学化)，「38人の子どもが座れるよう４人がけの長椅子を用意する。何台用意すればよいか。」といった〔学習問題〕を見いだす。除法を学習している児童はこれを，幾つ分かを求める除法(包含除)の問題であると判断し，38÷4と式を立て，9余り2という〔一応の解決結果〕を得る。ここで「答えは9台でよいのだろうか」「余りをどのように解釈すればよいのだろうか」という〔問い〕をもつことが考えられる。そこで，〔一応の解決結果〕を元の〔日常の事象〕に照らして考えると，答えの9余り2 というのは，4人ずつ9台に座ると，2人余るということであると気付く。そして，余りの2人が座る椅子が必要であると判断して，答えは，商に1を加え，10台であるという〔解決結果〕を得る。最後に，この結果をもとに，38人の子どもが座れる長椅子を10台，実際に用意する。

このように，数学的活動の具体例を分析してみると，児童の活動は必ずしも，図に示されている問題発見・解決の過程のとおりに展開するわけではない。教師は，この過程に沿って授業を展開することを目的とするのではなく，児童の活動に柔軟に対応することが求められる。

**②　算数の学習場面から見いだした問題を解決する活動**

「第5学年　図形を構成する要素に着目して合同な図形の作図の方法を見いだす活動～三角形の合同～」[20]

この活動は，図形を構成する要素に着目し，合同な図形をかく活動を通して，どの構成要素が決まれば図形の形や大きさが一つに決定するかという図形の決定条件を考えることをねらいとするものである。

例えば，辺イウの長さが6cmであることのみを示した三角形アイウを基に「この三角形と合同な三角形をかくには，どうしたよいのだろう。」ということを考える〔算数の学習場面〕では，「合同な図形は，全ての対応する辺の長さと角の大きさが等しい」ということを踏まえ，「合同な三角形は，3つの頂点がきまると，かくことができるだろう」と予想する(数学化)。そして「合同な三角形の3つの頂点をどのように決めればよいか。」という〔学習問題〕を見いだす。ここで，「辺イウが決まれば，三角形の3つの頂点のうち，2つが決まったということだ。」と考え，問題を焦点化して「あと1つの頂点アの位置を決めるには，何を調

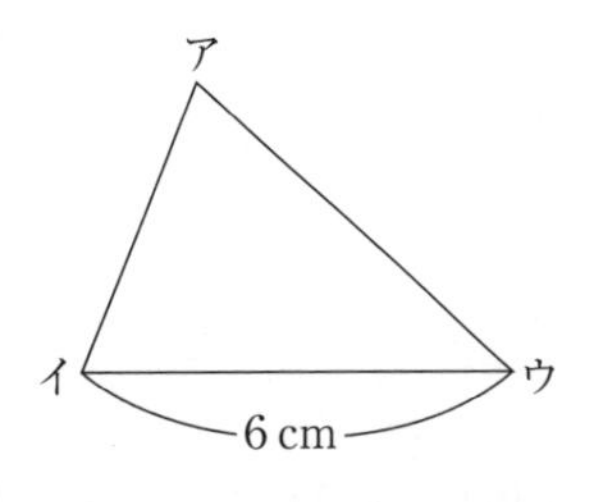

べたらよいだろう。」という〔問い〕をもつことが考えられる。この問いに対して，児童はそれぞれ次のように考え，〔一応の解決結果〕を得るだろう。

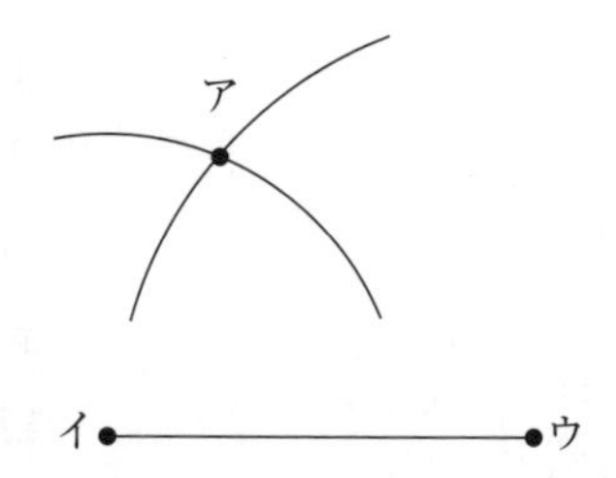


辺アイの長さと辺アウの長さを調べれば，頂点アの位置が決まる。

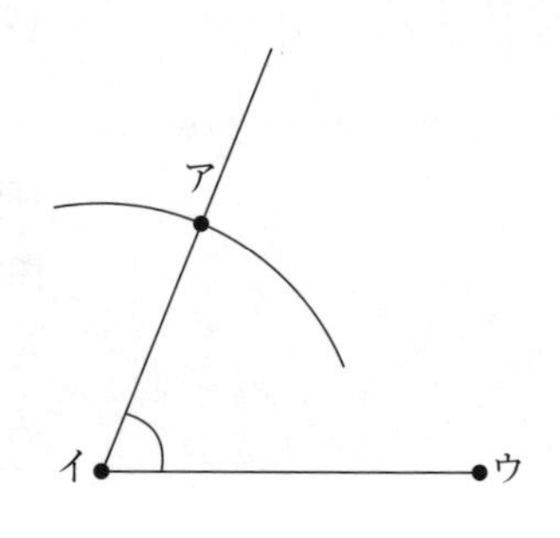


辺アイの長さと角イの大きさを調べれば，頂点アの位置が決まる。

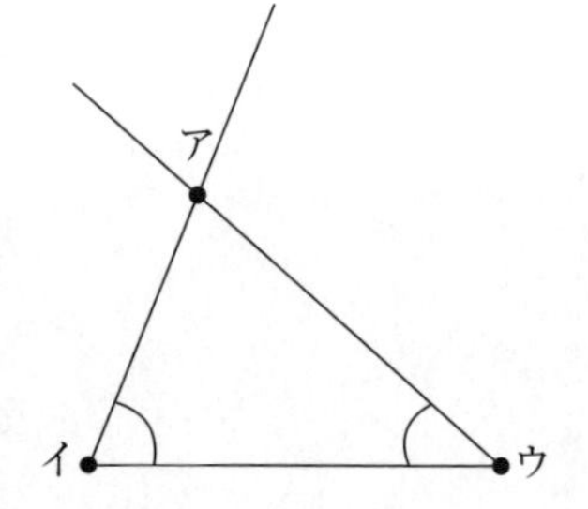


角イの大きさと角ウの大きさを調べれば，頂点アの位置が決まる。

そして，児童が交流することによって，「３つの構成要素をうまく選ぶと，三角形が一つに決定する」という〔解決結果〕を得る。さらに，「正三角形や二等辺三角形の場合は，どうだろう。」「四角形の場合は，どうだろう。」などと，別の図形について発展的に考察することが考えられる。

主体的・対話的で深い学び

### (2) 数学的活動の様式を表す「主体的・対話的で深い学び」

算数・数学の問題発見・解決の過程としての数学的活動では，対話的な学びを取り入れたり，主体的に取り組んだりして，深い学びを実現することが求められている[21)]。つまり，子どもの学びの過程としては一体として実現される[22)]「主体的な学び」「対話的な学び」「深い学び」の三つの視点[23)]は，数学的活動の様式を表すものとして解釈することができる。

〔主体的な学び〕

「児童自らが，問題の解決に向けて見通しをもち，粘り強く取り組み，問題解決の過程を振り返り，よりよく解決したり，新たな問いを見いだしたりする」こと

〔対話的な学び〕

「数学的な表現を柔軟に用いて表現し，それを用いて筋道を立てて説明し合うことで新しい考えを理解したり，それぞれの考えのよさや事柄の本質について話し合うことでよりよい考えに高めたり，事柄の本質を明らかにしたりするなど，自らの考えや集団の考えを広げ深める」こと

〔深い学び〕

「日常の事象や数学の事象について，『数学的な見方・考え方』を働かせ，数学的活動を通して，問題を解決するよりよい方法を見いだしたり，意味の理解を深めたり，概念を形成したりするなど，新たな知識・技能を見いだしたり，それらと既習の知識と統合したりして思考や態度が変容する」こと

## 3　数学的活動の課題

平成29年の小学校算数科の改訂では，数学的に考える資質・能力の育成を目指す観点から数学的活動の充実が図られている[24)]。この「資質・能力」が主張されるようになったのは，従来の学習指導要領が，教えるべき内容に関する記述を中心に整理されているため，一つ一つの学びが何のためか，どのような力を育むものかが明確ではない，という問題意識があったからである[25)]。そして「何を知っているか」にとどまらず「何ができるようになるか」という観点から，育成を目指す資質・能力を整理し，その上で「何を学ぶか」という必要な指導内容等を検討し，それを「どのように学ぶか」という子どもたちの具体的な学びの姿を考えることが求められている[26)]。

「何のために，どのような」数学的に考える資質・能力を育成するのかを明確にし，その資質・能力が発揮された具体的な姿として意義のある数学的活動を実現していくことが課題である。

**問題**　数学的活動が生じる授業の導入場面を設定し，そこから展開する数学的活動の「問題発見・解決の過程」を想定せよ。

# §3　活用力の育成

活用力というキーワードが注目されようになったのは，「literacy」をいかに翻訳するかという問題から派生したと考えることもできる。人類は，情報を記号で表現し，記号を情報として解釈するような相互作用により，社会や文化を形成し，発展していった。「literacy」の意味をその時代に必要とされる素養や能力と解釈するならば，こうした歴史的な流れの中で，社会や時代によって変化するものであるということが実感できるであろう。今の時代のリテラシーはなぜ活用力であるのか，またそれはいかに育成されうるのかについて考えてみる。

## 1　習得から活用へ

### (1)　国際的動向

平成29年７月に告示された小学校学習指導要領解説の総則編において，**活用**という文言は，285回も登場する。算数編の解説においても，220回もの記載がある。この値が示すように，これからの教育において活用力の育成を強調することが，社会から求められていることは明らかであろう。では，今日なぜ活用が教育の焦点となっているのであろうか。

数学的リテラシー

OECD（経済協力開発機構）による国際的な学力調査PISA調査では，その評価の枠組みにおいて，**数学的リテラシー**を項目として位置付けている。そこでは，数学的リテラシーの定義を，「数学が現実で果たす役割を見つけ，理解し，現在及び将来の個人の生活，職業生活，友人や家族や親族との社会生活，建設的で関心を持った思慮深い市民としての生活において確実な根拠に基づき判断を行い，数学に携わる能力」としている[27]。こうした数学と現実社会や生活上に必要とされる能力を求めることが国際的な関心となり，わが国でも活用力として規定されてきたと考えられる。基礎的な知識や技能の習得だけでなく，それらを活用していくことが要請されているとみることができるだろう。

### (2)　学術的展開

数学の起源をどこに求めるかは，数学史研究者にも様々な立場があるが，有名なナイル川の氾濫によって不明となった土地を測量するために算数・数学的知識と呼べるものが生かされてきたとき，当時は，まさに活用のための数学であったといってよいであろう。実用性から数学が生じたことを鑑みれば，算数・数学が活用力を育成するということは当たり前のことかもしれない。

ところが，数学が学問として成立していった際の知的関心は，活用から離れていくように思われる。サボーは，数学に固有な思考方法といえる間接証明の形式が成立していった背景に，「反経験的－反図解的傾向」を指摘している[28]。実際的・経験的な方法から脱却し，演繹的な論理を構築することへ強い意識が働いたであろう。そこでの学術化への動向は，活用に対する方向性とは大きく異なっていたのではないか。研究者が，個別な領域の中での学問的課題に取り組むのは，このような系譜に基づいているであろう。

社会が活用を要求するのは，こうした姿勢について懐疑的で許容できない時代であるからかもしれない。例えば，中学校で学習する命題「二等辺三角形の二つの底角は等しい」についての証明が必要であるとは，見てわかってしまえば，もっと違うことに関心が向いても仕方ないかもしれないことに通じる。見方を変えれば，別の領域であった方法を適用したり，複合的な領域を新たに開拓したりすることで学術が発展している状況をもって，今日の「literacy」に活用力を位置付けているかもしれない。算数科における知識の習得から，それらを活用することまでをもつ背景には，こうした学術的展開と無関係ではないと思われる。

### (3)　算数科としての活用力

歴史と子どもの認知的展開を重ねるのであれば，算数が対象とする内容も子どもの年齢であっても，素朴な必要が生じ，それを解決するために行うことが適切であろう。一方で，社会全体が純粋な学問にその意義や必要性の説明を求める時代であるならば，活用力を媒介として，その学問についての説明責任を果たさなければならない。

できないことや困難なことに直面し，それを解決するために知識を習得し活用しようとした意味での活用力と，学術的発展の成果によって習得した成果を積極的に現実や日常生活に活用するという意味での活用力とでは，本質的な違いがあるように思われる。しかしながら，それらを統合的に扱うことが，算数科としての活用力に必要とされるであろう。

改めて，学習指導要領の総括目標を鑑みれば，「算数で学んだことを生活や学習に活用しようとする態度」を育てることや，「日常の事象を数理的に捉え見通しをもち筋道を立てて考察する力」は，後者の活用力とは何かを明確に示そうとしたものであるといえよう。こうした意識において，習得は教えてできるが，活用は教えることができないという前提が育成の肝になるかもしれない。

## 2 全国学力・学習状況調査

全国学力・学習状況調査

わが国では，東日本大震災の影響のあった平成23年を除き，平成19年より毎年，**全国学力・学習状況調査**を行っている。

A問題，B問題

調査対象は小学校第6学年と，中学校第3学年であり，各校種の成果を測るための位置づけと捉えてよいであろう。この調査の特徴として，主として「知識」に関する問題（A問題）と，主として「活用」に関する問題（B問題）に分けられていることが挙げられる。また，この「活用」に関する問題について課題があることが指摘されてきている。

ゆりえさんは，手紙をなるべくきれいに3つに折るために，先生から**3等分する点を見つける方法**を教えてもらいました。

3等分する点を見つける方法

① 同じはばに並(なら)んだ4本の平行な直線の，1本目の直線と4本目の直線に手紙の長い辺の両はしをあわせる。

② 2本目，3本目の直線と手紙の長い辺が交わった点が，手紙の長い辺を3等分する点になる。

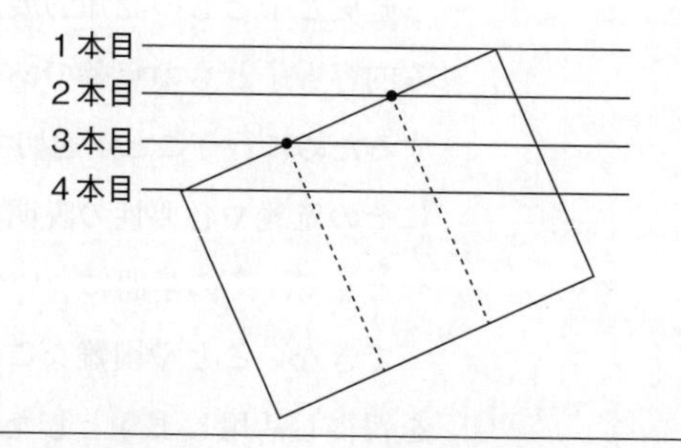


この調査における活用力とは，知識・技能等を実生活の様々な場面に活用する力や，様々な課題解決のための構想を立て実践し評

価・改善する力などに関わる内容とされている。実際に出題された問題から検討してみることとする。

上記の問題は，平成29年度の算数Bにおいて出題されたものの一部である。このように，知識や方法を出題の中で習得するような内容が問題提示の中に入っていることが大きな特徴である。授業として活用力を育成するならば，ここからどのような場面を設定し，活用を促すかは教師の力量となるであろう。実際の出題がどのような問いであったかを確認する前に，自分ならどのような状況でどんな活用力を問うか考えてみてほしい。

## 3　活用から探究へ

学習指導要領の総則における記載の回数が示すように，活用力は学校教育全般で育成すべき課題である。そうした大局的な要請の中で活用力を求める別の大きな理由に，今日の情報化社会へ対応することが挙げられるであろう。それを象徴するような表現として情報活用能力がある。

情報活用能力とは，「世の中の様々な事象を情報とその結び付きとして捉え，情報及び情報技術を適切かつ効果的に活用して，問題を発見・解決したり自分の考えを形成したりしていくために必要な資質・能力」とされている。将来の予測が難しい社会において，情報を主体的に捉えながら，取捨選択も含めて情報を活用することである。未知に立ち向かい切り拓いていった時代から，ほとんど既知となった環境において新たな価値や視点を創造していく時代への変容に対応していかなければならない。算数科の授業が，そうした社会の変化による要請からの変容が迫られていることが，第9章にもあるように「データの活用」という単元の充実など，学習内容にも影響を与えている。

一方で，活用力を目標とすることに否定的な立場もある。大局的な教育目標として「思考力，判断力，表現力」の育成が挙げられるが，それらは，学校教育法第30条第2項において，「知識及び技能を活用して課題を解決するために必要な力と規定されている。すなわち，こうした能力の育成のためには，活用は方法であって目標とはならないのではないかと考える立場である。

ここからは，この「知識及び技能を活用して課題を解決する」という過程を検討してみる。大きく分類して次の三つがあると考えられている。

- 物事の中から問題を見いだし，その問題を定義し解決の方向性を決定し，解決方法を探して計画を立て，結果を予測しながら実行し，振り返って次の問題発見・解決につなげていく過程
- 精査した情報を基に自分の考えを形成し，文章や発話によって表現したり，目的や場面，状況等に応じて互いの考えを適切に伝え合い，多様な考えを理解したり，集団としての考えを形成したりしていく過程
- 思いや考えを基に構想し，意味や価値を創造していく過程

確かに，活用力という用語の射程では収まらない領域までが教育に求められてきている。いうなれば，活用から探究へと関心が移り変わってきている。実際に，高等学校では，現行科目「数学活用」が，通教科的な視座からのアプローチを想定した「理数探究」へと発展的に変更されている。これまでの算数科の特徴であった問題解決場面における，比較的自然に導入され，取り組むことができた学習活動に変換が迫られているかもしれない。

先ほどの手紙の折り方に関する題材を例に考えてみる。方法を維持し，手紙を折るという目的を違うことに適応できないかと考えることで活用が可能になるだろう。探究では，より数学的な性質に着目して一般的な分割のための方法について考えることや，辺ではなく角の分割はできないかなどと展開していくことができるであろう。活用から探究へと展開する先には，解決しない，最終的にまとまらないといった状況も起こりうる中で，問いに向き合い続けるような姿勢が求められることとなる。

**問題**　全国学力状況調査の「活用」に関する問題を調べ，探究へと展開する授業を構想し，どのような探究活動が想定されるか検討せよ。

**引用文献**

1）文部科学省（2018）『小学校学習指導要領(平成29年告示)』，東洋館，p.64
2）上掲書１），p.64
3）文部科学省（2018）『小学校学習指導要領(平成29年告示)解説　算数編』，日本文教出版，p.23
4）中島健三（1981）『算数・数学教育と数学的な考え方―その進展のための考察』，金子書房，p.49
5）長崎栄三（2007）「第３章　算数・数学の力の構造化」，長崎栄三・滝井章編著，『算数の力―数学的な考え方を乗り越えて―』，東洋館，pp.44-48
6）上掲書４），pp.82-102
7）片桐重男（1988）『数学的な考え方・態度とその指導1　数学的な考え方の具体化』，明治図書，pp.114-125
8）上掲書３），p.22
9）上掲書３），p.22
10）文部科学省（2018）『小学校学習指導要領(平成29年告示)解説　算数編』，日本文教出版，p.24
11）上掲書10），p.22
12）前掲書10），p.23
13）文部科学省（2008）『小学校学習指導要領解説　算数編』，東洋館出版社，pp.18-19
14）前掲書10），p.335
15）前掲書10），pp.7-8，p.23
16）文部科学省（2018）『中学校学習指導要領(平成29年告示)解説　数学編』，日本文教出版，pp.23-24
17）前掲書10），pp.73-75
18）笠井健一，「算数的活動から数学的活動へ」（2018）『初等教育資料』，2018年４月号，No.966，東洋館出版社，pp.64-67，
19）前掲書10），pp.174-175
20）前掲書10），pp.280-281
21）前掲書10），p.8
22）中央教育審議会（2016）『幼稚園、小学校、中学校、高等学校及び特別支援学校の学習指導要領等の改善及び必要な方策等について(答申)』，p.50
23）前掲書10），pp.322-323
24）前掲書10），p.6
25）前掲書22），p.15
26）前掲書22），pp.20-21
27）国立教育政策研究所（2004）『PISA2003調査 評価の枠組：OECD生徒の学習到達度調査』，ぎょうせい
28）サボー（1976）『数学のあけぼの』，東京図書

# 第4章　算数科の学習指導と評価

## §1　学習指導

「**学習指導**」という用語は，学習と指導という2つの用語が合わさったものである。「教授・学習」や「教育」という用語もある。学習する（育つ）のは子どもであり，指導する（教える）のは教師である。平林は，この二つの側面を調和させた教育の重要性を指摘している[1)]。算数科の学習指導は，教師による説明だけでは成立しないし，子どもだけで学習したり教え合ったりするだけでも成立しない。

### 1　問題解決的授業

#### （1）　問題解決的授業の過程

授業のアスペクト（相）
- 技能の練習
- 理解
- 問題解決
- 問題設定

問題解決的授業
- 問題把握
- めあて
- 見通し
- 個人解決
- 集団解決
- 類題の解決
- まとめ

学習指導は，家庭学習も視野に入れ設計していく必要があるけれども，ここでは学校での授業に焦点を当て，その展開の基本について述べる。平林は，算数・数学科の授業に，技能の練習，理解，問題解決，問題設定という4つのアスペクト（相）を想定しているが[2)]，以下では，技能の練習は射程に入れず，理解，問題解決，問題設定を想定した授業の設計について検討する。

第2章§1で解説したように，数学教育界では問題解決が活発に研究され，算数科の授業を問題解決的に展開することが定着している。**問題解決的授業**は，基本的には，問題把握，めあて，見通し，個人解決，集団解決，類題の解決，まとめという過程を踏む。

平成29年改訂の学習指導要領では，「算数・数学の問題発見・解決の過程」（p.42参照）に沿った授業を適切に展開することが求められている（ただし，技能の練習などのように，この過程に沿って展開する必要のない授業もある）。このイメージ図と上の授業の過程の関係を考えてみる。問題把握は，与えられた問題の意味を把握するとともに，その授業で何が問題かを明確にすることと捉えたい。「めあて」という言葉を使用することもある。例えば，マス目に位置づけられた平行四辺形が示され，「この平行四辺形の面積を求めましょう」という問題は「数学的に表現した問題」である。既習の長方形や正方形とは異なる図形であり，面積を直ちに求められないことが把握される必要がある。授業では，解法も見通しつつ，「平行四辺形の面積の求め方を(面積を求めることのできる)長方形に変形して求めよう」というめあてが設定される。ここまでくれば，最初の問題提示の場面より，考えるべきことが焦点化されている。

個人解決における留意点

次に，個人解決を行う。子どもに考えさせる場を保証しない限り，思考力・判断力・表現力や問題解決能力が身につくことはなく，この段階は基本的に必須である。個人解決で全員を正答に誘うのは至難の業であり，ここでは，途中までの解法でも，誤答でも良いので「自分なりの考えをもたせること」が重要である。その上で，続く集団解決の段階で他者の多様な考えを理解しつつ，類題でその考えを適用できればよい，というスタンスが現実的である。

類題を位置づける価値
・他者の考えの理解
・簡潔，明瞭，一般の認識
→深い理解

問題解決型学習の問題点として，「一つの問題の解決からすぐに一般的な方法へ進む」[3] という指摘もある。この指摘も踏まえ，類題の解決を次のようなねらいで授業に位置づけることが望ましい。

・最初の問題を解決できなかった子どもが，友達の考えを試してみて，その方法がうまくいくことを実感する。
・多様な考えの中から，どれが簡潔，明瞭，一般的かを判断する。

前者は上で述べたことと関連する。１問主義では友達の考えを試す機会がなく，授業のまとめが実感の伴わない「押しつけ」になってしまう。後者については，例えば，ＡとＢという２つの方法のどちらが簡単かを判断するために，両者を自分で試してみることが望ましい。一般性の判断についても，１つではなく複数の問題に取り組むことで，いつでも使えるという実感につながりやすくなる。類題の解決は「深い理解」につながる手立てともいえよう。

振り返り

なお，学習指導要領の総括目標で「学習を振り返ってよりよく問題解決しようとする態度を養うこと」と謳われているように，今回の改訂では「**振り返り**」が重視されている。「算数・数学の問題発見・解決の過程」(p.42 参照)でも，結果が出た後の振り返りにより，活用・意味づけ(D1)や発展・統合/体系化(D2)が実現する。授業の導入で数学化（A1，A2）をどの程度位置づけるか，授業の終末で振り返り（D1，D2）をどの程度位置づけるかということは，問題解決的学習の古くて新しい検討課題である。

数学化

## 2　多様な考え方

十人十色という言葉があるように，同じ問題に対する子どもの取り組みは多様である。完全な正答に至る場合もあれば，途中で行き詰まる場合もある。また，計算ミスなどの誤答などもある。また，正答であっても本質的なアイデアが異なっていたり，表現の過不足や洗練の度合いも多様である。これらの多様性をいかに生かすかということが授業の重要なポイントとなる。

多様な考え方の類型
・独立的な多様性
・序列化可能な多様性
・統合化可能な多様性
・構造化可能な多様性

**多様な考えの生かし方**については，古藤のグループの研究による次の捉え方が参考になる[4]。

A．独立的な多様性：それぞれの考えの独自性に着目して
B．序列化可能な多様性：それぞれの考えの効率性に着目して
C．統合化可能な多様性：それぞれの考えの共通性に着目して
D．構造化可能な多様性：それぞれの考えの関連性に着目して

集団解決を，子どもの「解答の発表会」としてはいけない。それぞれの考えを賞賛しつつも，効率性や一般性という観点でよさがある場合は，それを価値づける必要がある。他方，本質的に共通の考えは統合すべきであり，序列をつけることは不適切である。授業にあたっては，取り扱う問題について子どもから提案されるであろう多様な考えを想定しておき，その生かし方を検討しておく必要がある。

## 3　数学教育における表現体系

数学教育における表現様式
・記号的表現
・言語的表現
・図的表現
・操作的表現
・現実的表現

数学的に考える資質・能力の柱の１つに「思考力・判断力・表現力」がある。表現力の育成にあたって参考となる研究に中原の**表現体系**の研究がある[5]。中原は，ブルーナーのEIS 原理などを理論的基盤とし，数学教育における５つの表現様式を「記号的表現」「言語的表現」「図的表現」「操作的表現」「現実的表現」に分類している。そして，これらの５つの**表現様式**を次の図のように体系化している。この体系では，ブルーナーのEIS 原理におけるE→Ｉ→Ｓという方向性とともに，その逆方向の変換も重視され，位置づけられている。これらは図では，両方向の矢印で示されている（異なる表現様式間の変換）。さらに「同じ表現様式内での変換」も重視されており，それが図における両方向の円弧の矢印で示されている。

数学教育における表現体系
・異なる表現様式間での変換
・同じ表現様式内での変換

数学教育における表現体系（中原，1995，p.202）

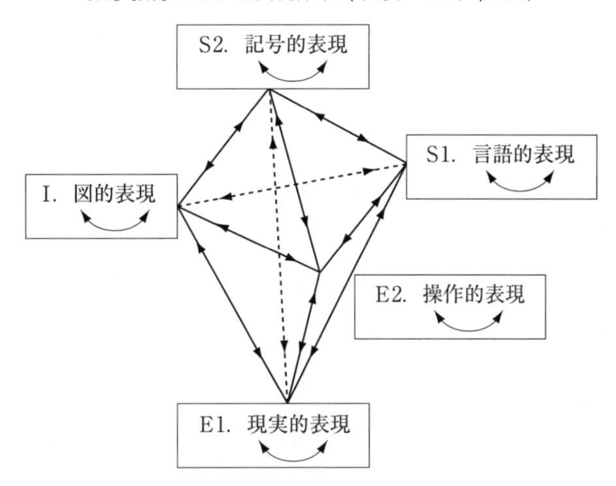


集団思考における表現様式の変換の取り扱い

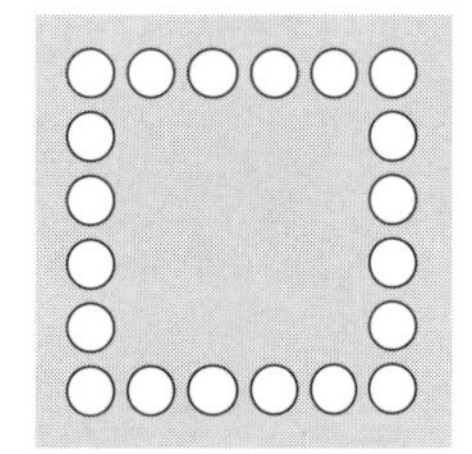

学習指導における表現様式やその変換の例として，右の図のような正方形状に並べたおはじきの数の上手な数え方（1辺の数が増えても通用するような数え方）を考えさせる授業を検討する。図的表現は数のまとまりを線で囲むなどの表現である。また，記号的表現は，例えば，6＋5＋5＋4のような式表現である。集団解決で考えを発表させる際に，①図的表現と式表現を両方示す，②図的表現だけを示す，③式表現だけを示す，という方法がある。授業ではA さんが発表してそれを聞くだけでなく，Aさんがどのようにこの図を捉えておはじきの総数を求めたのかを考えさせたい。その意味では，①は図と式の関連付けを，②は図から式への変換(式化)を，③は式から図への変換(図化あるいは式の読み）を考えさせていることになる。また，6＋5＋5＋4について（平均の考えなどを活用して）5×4と変形し（記号的表現内の変換），その式からおはじきの数を右の図のように捉えることにつなげる(式の読み)といった流れをつくることができれば，さらに実りのある授業となる。なお，中学校では文字式による表現とその式の代数処理によって，このことが比較的容易に実現できる。

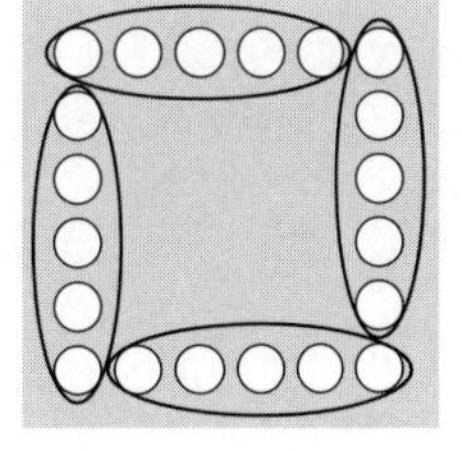

**問題**　教科書のある単元を選び，多様な考えや表現体系という視点から，その構成や記述を検討せよ。

## §2 教材研究

### 1 教材研究のタイプ

教材研究の視点
・数学的背景
・数学史的背景
・心理学的背景
・応用数学的背景

**教材研究**の視点として，一般に次の４点がある。

①数学的背景に関する研究
②数学史的背景に関する研究
③心理学的背景に関する研究
④応用数学的背景に関する研究

①は教材の数学的な研究である。例えば，分数の除法を$\frac{3}{4}\div\frac{2}{5}=\frac{3}{4}\times\frac{5}{2}$と計算してよい理由を「除法について成り立つ性質」を根拠に導く方法や，比例的推論を根拠に導く方法を研究しておくことなどがあげられる。

②は教材の歴史的発展についての研究である。例えば，十進位取り記数法の指導の背景として，インド・アラビアの記数法以外の表記法を確認することなどがある。

③は教材の子どもの認識についての研究である。例えば，計算の典型的な誤答や割合の困難性などを先行研究や各種の調査などから把握しておくと授業の設計の参考になる。

全国学力・学習状況調査における「活用」の問題作成の枠組み
・数学固有
・他教科等の学習
・日常生活

④は教材の応用可能性についての研究である。簡単に言えば,「その数学が何に使えるか？」ということを考えていくことになる。平成19年度から実施されている全国学力・学習状況調査では，「主として「知識」に関する問題」と共に「主として「活用」に関する問題」が出題されている（平成31年度からはこれらの枠組みが統合された調査となっている)。この調査では，「活用」に関する問題の作成にあたり，算数科固有の問題状況，他教科等の学習の問題状況，日常生活の問題状況が考慮されている。

このように，算数の活用の対象を日常生活だけに限定するのではなく，広い視野から捉えることが肝要である。

### 2 教材研究の例

以下では，数学的背景，心理学的背景，応用数学的背景からの教材研究について例を挙げながら解説する。

### (1)　数学的背景に関する研究の例

第４学年の面積の学習では，単位正方形の幾つ分で広さを数値化することや，長方形や正方形の公式をそれらの構成要素に着目して導くことを学習する。その後，複合図形（複数の長方形を辺で組み合わせたり，長方形からより小さい長方形を除いて構成される図形）の求積について学習する。ここでは，清水(2015)を参考にしながら，右図のようなＬ字形の求積の教材研究について考える。

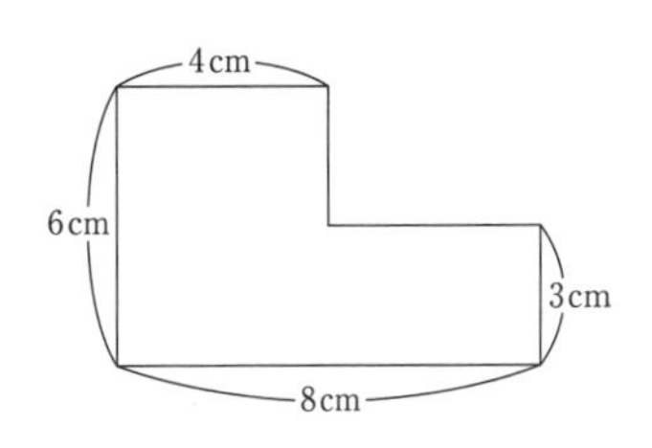


授業では，この図形が既習の長方形や正方形ではないことから，その面積が長方形の求積の公式では直ちに求められないことを確認する。

この授業では，子どもがこの図形をどのように捉えるかが本質的である。長方形の求積方法は既知であるから，この図形を「２つ(または３つ)」の長方形が組み合わせられた形と捉える」ことや「大きい長方形から小さい長方形が除かれた形と捉える」ことを大切にしたい。これらの捉えに基づき，Ｌ字形の面積を求める方法を考え，表現することが授業のねらいである。この「未知の状況を既知の事柄に帰着して考える」という考え方は数学では極めて重要である。

多様な解法の検討

前節で多様な考え方を活かすことについて解説した。この観点からこの教材を研究してみよう。上のＬ字型の図形の求積については，例えば次のような多様な方法がある。

①３つの長方形に分ける方法
②２つの長方形に分ける方法(その１)
③２つの長方形に分ける方法(その２)
④補って長方形にする方法
⑤切って動かして長方形にする方法(１)
⑥切って動かして長方形にする方法(２)
⑦２つ分を縦に組み合わせて長方形にする方法(１)
⑧２つ分を横に組み合わせて長方形にする方法(２)

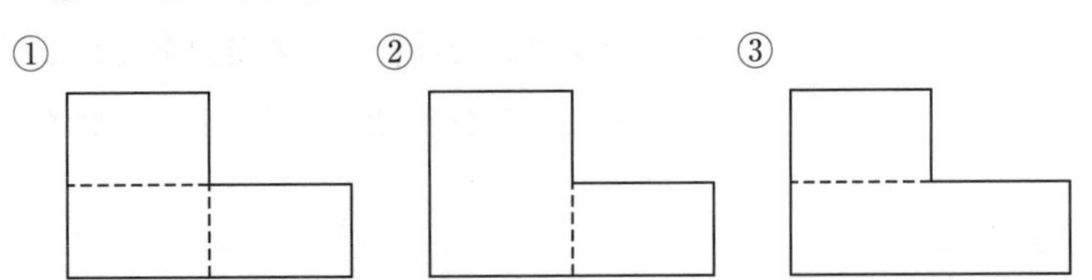

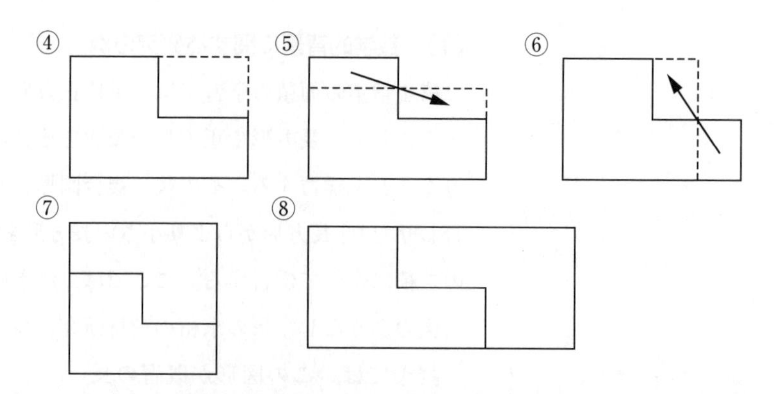


これらをどのように取り上げて，まとめていくかについては指導法の問題になるが，数学的背景からの教材研究として大切なことは，図形の辺の長さの特殊性によって，⑤～⑧が実現しているということを確認しておくことである。

特殊な図形による一般性の検討

例えば，次のような図形イ，ウ，エ，オを考えてみよう。

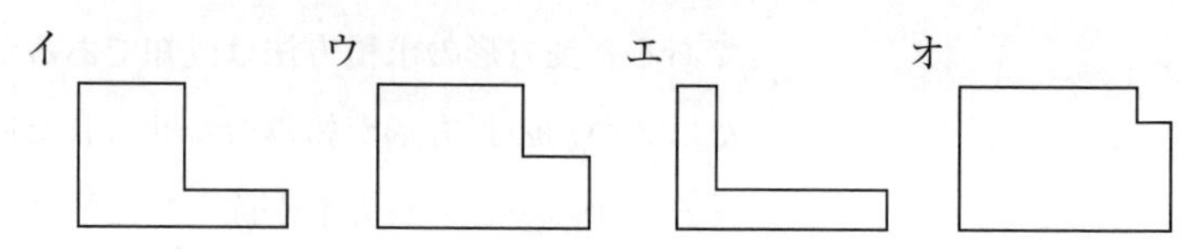


イでは⑤，⑦は実現するが，⑥，⑧は(このままの向きでは)実現しない。ウでは⑥，⑧は実現するが，(このままの向きでは)⑤，⑦は実現しない。エ，オでは⑤～⑧は全て実現しない。実現するかしないかは，「平行な長い辺と短い辺の長さの比」が２：１かどうかに依存する。このことは子どもの実態とは関係のない数学的な事実であることに注意してほしい。

そして，こうした教材研究を前提として，児童の実態に応じて目標を設定し，どのようなＬ字型の図形をどのように扱うかということが，授業の設計の始まりとなる。

①～④の方法は「いつでも使える」ところにそのよさがある。数学ではいつでも成り立つことを問題にしていることをこの教材の学習でも意識づけたい。このことは⑤～⑧と対比させることで，より感得されやすいと考えられる。裏を返せば，⑤～⑧の考えが子どもから提案された場合，その発想を賞賛しながらも，「その方法はいつでも使えるか？」というように一般性を吟味していきたい。

### (2)　心理学的背景に関する研究の例

授業の対象の子どもたちが，ある指導内容についてどのようなつまずきをするかは予備調査をすることである程度把握できるが，毎時間そうした調査をすることは現実的には難しい。そこで，数学教育の先行研究などをあたり，子どもの誤答の傾向を知っておくことも有益である。ここでは，全国学力学習状況調査の結果をもとに，第５学年の商分数の子どものつまずきを概観してみよう。

調査研究からの子どもの誤答の傾向の分析

平成22 年度の全国学力学習状況調査の「主として「知識」に関する問題」として，次の問題が出題された（A2(2)）。

> ２Lのジュースを３等分すると，１つ分の量は何Ｌですか。答えを分数で書きましょう。

この問題の正答は$\frac{2}{3}$Lであり，正答通過率は40.6%であった。

この問題の正答が何かということは数学の問題である。この問題を授業で扱うにあたっては，正答を知ることに加えて，子どもがどのようなつまずきをするかについても（心理学的背景から）想定した上で授業を構想する必要がある。

調査結果からは，次のような誤答が明らかになっている。（単位は省略する）

ア　$\frac{3}{2}$と解答しているもの（大きさの等しい分数を含む）14.7%

イ　$\frac{1}{3}$と解答しているもの（大きさの等しい分数を含む）19.7%

ウ　0.66，0.67など，商を小数で表しているもの0.5%

エ　$\frac{6}{10}$と解答しているもの（大きさの等しい分数を含む）2.0%

「除法では，被除数の方が除数より大きい」という誤概念

全国学力・学習状況調査の解説資料では，これらの誤答に関する解説がなされており参考にしたい[6]。アの誤答については，「「（整数）÷（整数）」の除法では，被除数の方が除数より大きくなると考え，式を3÷2と考えて商を$\frac{3}{2}$と解答した児童もいると考えられる。また，式を2÷3と考えたが，被除数を分母に除数を分子にして商を$\frac{3}{2}$とした児童もいると考えられる。」と解釈されている。また，その他の誤答として，「1.5」（L）という解答があり，「3÷2の商を小数で答えていると考えられる」と解釈されている。

この問題の前に「８ｍの重さが4kgの棒があります。この棒の１ｍの重さは何kgですか。求める式と答えを書きましょう。」（A2(1)）

が出題されている。4÷8という正しい式を立式し，0.5kgと正しく答えた子どもの正答通過率は54.1%であった。１mの重さを求める式として，「4÷8」ではなく「8÷4」としている誤答が31.1%あった。これらの子どもはこの問題を除法で解決できると判断することはできても，除法がいつも(大きい数)÷(小さい数)であると認識していたり，問題文に出現している数量の順序（８m→４kg）で除法を行ったなどと解釈される。A[2](2)で，正しい式の「2÷3」ではなく「3÷2」としている誤答（$\frac{3}{2}$や1.5）が一定数みられたという結果と合わせて考えると，第６学年の４月の段階でも，除法がいつも(大きい数)÷(小さい数)であると認識している子どもが一定数いることが想定され，こうしたことを踏まえながら，除法の指導のあり方を考えていく必要がある。

分割分数と量分数の混同

イの誤答については，「「３等分」という表現にのみ着目していると考えられる。」と解釈されている。これは，分割分数と量分数（p.93参照）を混同した誤答であり，数学教育界では古くから知られていながらも，克服の難しい誤答である。

商分数のよさの理解の不足

ウとエの誤答，とりわけエの誤答は出現率は少ないけれども，注目されるものである。$\frac{6}{10}$という誤答は，問題文中の数値からは一見想定できないものである。この誤答は，2÷3を商分数（p.93参照）で表現するのではなく，小数の計算として0.66…と計算し，小数第２位を切り捨て0.6とし，これを分数に直したと考えられる。商分数は，2÷3などについて「既習の「割り進む除法」では商を正確に現せない」という動機で導入されているにもかかわらず，小数の答えを経由して分数に直すという誤答がみられるということは，その子どもにとってこの動機づけが十分でなかったとも捉えられる。

以上のように，一見単純な問題であっても，正答あるいは誤答に至る道筋は子どもによってまちまちである。また，誤答には子どもなりの論理があることもわかる。授業を構想するにあたっては，子どもの気持ちや目線も大切しつつ，こうした心理学的背景からの教材研究を行っておくことが求められる。

### (3) 応用数学的背景に関する研究の例

算数や数学に限らず，「このことを勉強して何の役に立つの？」と子どもから問われることがある。学習への動機付けを「役に立つから」という実用的目的に強く依拠してしまうことは，学ぶということを長期的に展望すれば望ましいことではない。とはいえ，学習したことが役に立つこと自体は結構なことであり，学習した内容がどのように活用されるかについて，教師として常に検討しておくという姿勢が大切である。

すでに述べたように，平成19年より実施されている全国学力・学習状況調査では「主として「活用」に関する問題」が位置付けられている。また，平成20年改訂の学習指導要領の総括目標でも「…生活や学習に活用する態度を…」という文言により活用力を重視したものになっている（平成10年改訂の学習指導要領の総括目標の対応部分の文言は「生活に生かす」であった）。こうした背景から，教科書でも，「活用」に関する素材が数多く含められている。特に，日常関連の活用については，これらの教材を眺めればその有用性や意図はわかりやすい。例えば，九九を学習した後に，「身の回りで九九を使って数が求められるものを探す」活動は，「同じ数のまとまりの何個分」という対象については，数え上げたり，足し算をしたりしなくても，九九を使えばその総数がすぐにわかるという有用性が実感されやすい。また，比例を活用した能率的測定（例：紙の枚数や釘の本数を「全て」数えずに，比例を活用しておよその総数を求める）も有用性が伝わりやすい教材の例である。

日常生活での活用

こうした例に加えて，教材研究が必要なのは「数学固有の活用」である。10や100の何個分，0.1の何個分という単位のアイデアが繰り返し活用されたり，図形の性質が作図に活用されたりする（例：平行四辺形の作図など）。ここで，知識やアイデアが使えて問題を解決できたときに，「使えたこと」をその都度押さえておきたい。九九の活用のように，その授業で学習した内容がその直後で活用される場合もあるが，0.1の何個分という単位のアイデアが小数第２位の計算の仕方を考えるときに活用されるなど，以前に使ったアイデアが活用されるということもある。「過去に学習したことが使えた」ということが「今学習したことが，後になっても使えるかもしれない」という前向きな態度につながっていくのが理想である。

数学学習での活用

「使えたこと」の意識化

**問題**　ある単元を選び，数学的背景などからの教材研究を行え。

# §3　指導計画とその評価

## 1　指導計画

算数の授業は，教科書だけで指導内容を決定しているのではない。小学校で身につけてほしい算数科の目標（学習指導要領で謳われている）や各学年の目標と内容があり，それを具現化するために作成するのが指導計画である。**指導計画**にも，各学年の指導計画，各単元の指導計画，１単位時間の授業の指導計画がある。単元の指導計画と１単位時間の授業の指導計画は学習指導案を作成する際に記載することが通例となっている。以下ではそれらについて一つずつ見ていくこととする。

### (1)　各学年の指導計画

小学校学習指導要領

学校教育法施行規則

各学年の指導計画とは，それぞれの学年で計画する１年間の指導計画である。小学校学習指導要領に各学年の指導計画を立てる際は，「主体的・対話的で深い学びの実現に向けた授業改善を通して資質・能力を育む効果的な指導ができるようにすること。」（小学校学習指導要領，p.17）と述べられている。学校教育法施行規則で謳われている時数を確保しつつ，それぞれの学校行事や児童の実態等を勘案しながら何月頃どの単元を何時間で学習するのかなど学年部の先生等と話し合いながら計画していく。各教科書会社が作成したものもあり（各教科書会社のホームページ参照），それも参考にしつつ学校の実態に合わせて作成する。各教師は，学年の指導計画に沿って指導が行えているかおおまかにチェックしながら１年間の授業を行っていく。（カリキュラムマネジメント）

カリキュラムマネジメント

※**カリキュラムマネジメント**とは学校の教育目標の実現に向けて，子どもや地域の実態を踏まえ，教育課程（カリキュラム）を編成・実施・評価し，改善を図る一連のサイクルを計画的・組織的に推進していくことであり，また，そのための条件づくり・整備である。それは，学校経営の営みにおいて中核に位置付くものである。

○各学年の指導計画の例　第５学年[7]

| 月 | 「単元名」及び単元の目標 | 時数 | 学習内容 |
|---|---|---|---|
| 4 | 「４年生までの復習」 | 2 | ・四則計算の仕方や図形の性質について，これまでの学習を整理する。 |
| | １「整数と小数のしくみ」数のしくみを調べよう<br>○数の範囲を広げ十進数としての小数の理解を深めようとする。<br>○整数小数を同じ十進位取り記数法のしくみでとらえることができる。 | 4 | ・小数を10倍，100倍，1000倍，10分の１，100分の１した数と小数点の移動<br>・十進位取り記数法のまとめ |
| 5 | ２「図形の角と合同」重なる形と図形の角を調べよう<br>○対応する頂点，辺，角に着目して，図形が合同かどうかを判断する仕方がわかる。<br>○合同な図形のかき方がわかる。 | 11 | ・図形の合同の意味(定義)，性質，作図<br>・三角形の３つの角の大きさの和<br>・多角形（四角形，五角形，六角形など)の内角の和 |

### (2)　単元の指導計画

単元の指導計画とは，ある１つの単元の指導計画のことである。まず単元の目標を設定し，その単元を何時間扱いにするのか。そして，その１時間１時間をおおまかにどのような学習をするのか，その時間の学習活動や評価規準などを記載する。前述した各学年の指導計画や学習指導要領，教科書，教科書の教師用指導書等を参考にして作り込んでいく。

単元の指導の流れはおおまかに分けると，単元の導入，知識や技能の習得，習得した知識や技能の活用，（自ら課題を見いだし解決していく探究)，単元の学習内容の定着という構成が一般的である。単元の導入では児童の興味・関心を高め，そのあとの授業につながるような授業の構成を考える。知識や技能の習得を主とした目標の授業であっても，**主体的・対話的で深い学び**の実現を目指さなければならない。授業の中で知識や技能の習得を目指す中にも，数学的

主体的・対話的で深い学び

な見方・考え方を広げたり，習得した知識及び技能を活用して思考力・判断力・表現力を働かせたりするような場面設定をつくるよう心がける。さらに，自ら学び自ら考える力を育成する探究型の学習を行う際にも習得した知識及び技能は必要になる。

要するに単元の指導の導入，習得，活用，探究，定着という流れになるが，習得だから習得，活用だから活用だけさせればよいというものではない。主に習得，主に活用を目指すということであり，１単位時間の授業の中では，それぞれ児童の興味・関心を高め，知識・技能の獲得や定着をはかり，思考力・判断力・表現力を働かせるような場面を作ることを考える。

教科書ではたいてい２ページ分，または１ページで１時間進むことを見込んで作成されているが，児童の実態によって進度が異なりそうならない場合がある。また，学校で使用している教科書には載っていない教材を使用して授業する場合もあるので（算数教育の雑誌やインターネット，他の教科書会社の教材等），単元の指導計画は学校や児童の実態を考慮して作成する必要がある。

単元の指導計画を立て，実際にその単元の指導計画に沿って授業を実施する際，授業実施後にその都度反省を記述していくことが大切である。児童の授業中の様子や児童のノートやワークシートを見て，自らの授業を振り返り，その都度反省を書き留めておくことが，これからの授業改善につながる。場合によっては単元の指導計画に修正を加えていく必要もある。

○単元の指導計画の例　第５学年「計算のきまりについて考えよう」（全３時間）[8)]

単元の目標…辺の長さが小数で表された図形の面積を求める活動を通して，小数の場合でも面積を求める公式や交換法則，結合法則，分配法則が成り立つことを理解し，それらを用いることができる。

指導計画

| 時 | 主な学習活動(○) | 主な教師の働きかけ(○)と重視する評価規準(◆) | 反省 |
|---|---|---|---|
| 1 | ○　1 cm²と0.01mm²の正方形の面積の関係を調べる。<br><br>○　辺の長さが小数で表された長方形の面積の求め方を考える。 | ○　1 cm²と0.01mm²の正方形の面積の関係を調べさせるために，電子黒板に２つの正方形を提示する。<br>◆　２つの正方形の面積の関係を調べようとしている。<br>【関心・意欲・態度】<br>○　長方形の公式を出させ，式を立てさせる。<br>○　立てた式を，単に小数×小数の計算で答えを出して，終わりにするのではなく，「面積における整数×整数に直すとはどういうことか」を問うことで，単位換算の考えを結びつける。<br>◆　辺の長さが小数で表された長方形の面積の求め方を考えている。【数学的な考え方】 | |
| 2 | 省略 | 省略 | |
| 3 | 省略 | 省略 | |

※評価については次節参照

週案

単元の指導計画は，学習指導案に記述するが，学校現場では学習指導案を毎時間毎単元作成することはない。代わりに週案に指導計画を記入することになる。週案には算数だけでなくその週に指導する全ての教科の授業内容を簡潔に書き込んでいくことになる。

○週案の例[9]

平成21年度第6週　5年3組

| A週 | 5月11日 | 5月12日 | 5月13日 | 5月14日 | 5月15日 |
|---|---|---|---|---|---|
| | 月 | 火 | 水 | 木 | 金 |
| 学校 | | 眼科検診(3・4年) | | 眼科検診(5・6年) | |
| 学年 | | | | | |
| 学級 | | | | | |
| 1 | 学 | 英 | 算 | 社 | 国 |
| | 避難の仕方(1) | 名前を教えて(リーダーに… | 小数のかけ算(4) | 水産業のさかんな地域… | 時間，海雀，雪(3) |
| | ○火災発生時の避難訓練<br>・避難経路の確認<br>・発生時の心構え | ○What's your name?<br>・あなたの名前を教えてスマート・ボードの準備 | ○(小数)×(整数)が，ひっ算でできる。 | ○かつお漁<br>・かつお漁のビデオを見る。 | ○情景を想像しながら音読する。 |
| 2 | 理 | 国 | 音 | 算 | 図 |
| | 植物の発芽と成長(10) | 時間，海雀，雪(1) | 音の重なり(5) | 小数のかけ算(5) | ダイナミックスペース(4) |
| | ○日光と植物の成長との関係をまとめよう。<br>・ワークシートにまとめる<br>●まとめが不十分に終… | ○情景を想像しながら音読する。 | ○重なり方を考えて，歌い方を考えよう。 | ○(小数)×(整数)が，ひっ算でできる。 | ○切り取った板を組み合わせて新しい形を作ろう。 |
| 3 | 算 | 算 | 家 | 体 | 理 |
| | 小数のかけ算(2) | 小数のかけ算(4) | どのようにして生活して… | 表現(4) | 植物の発芽と成長(10) |
| | 小数のかけ算(3) | | | | |
| | ○(小数)×(整数)が，ひっ算でできる。 | ○(小数)×(整数)が，ひっ算でできる。 | ○お茶の入れ方 | ○フォークダンス | ○日光と植物の成長との関係をまとめよう。<br>・まとめの続き |
| 4 | 国 | 社 | 家 | 国 | 理 |
| | サクラソウとトラマルハナ… | 稲作にはげむ人々(7) | どのようにして生活して… | 時間，海雀，雪(2) | 植物の発芽と成長(11) |
| | ○「要旨」をもとに，自分の考えを発表しよう。 | ○まとめとふりかえり<br>・米作り新聞を作ろう | ○ガスコンロの安全な使い方 | ○情景を想像しながら音読する。 | ○肥料と植物の成長との関係をまとめよう。<br>・ワークシートにまとめる |
| 5 | 書 | 体 | 道 | 総 | 体 |
| | 書写②(1) | 表現(3) | テレビの父(1) | 郷土の祭りに参加しよう… | リレー・短距離(1) |
| | ○「銀」<br>左右の組み立てを確かめて | ○フォークダンス | ・創意・進取<br>資料の準備 | ○町内会のおじさんの話を聞こう | ○リレーの作戦を考えて練習しよう。<br>・チームで練習 |
| 6 | 社 | | | 総 | 算 |
| | 稲作にはげむ人々(6) | | | 郷土の祭りに参加しよう… | 小数のかけ算(6) |
| | ○庄内から新種の米を<br>・品種の改良<br>・農業試験場の様子を提示 | | | ○町内会のおじさんの話を聞こう | ○(小数)×(整数)が，ひっ算でできる。 |
| | 備考欄 | | | | 通信欄 |
| | | | | | ・運動会に向け，クラス全体で頑張っているようですね。<br>・子どもたち一人一人が自分なりの力を発揮できるよう，今後も指導をよろしくお願いします。 |

## (3)　1単位時間の授業の指導計画

1単位時間の授業の指導計画では，単元の指導計画の中でおおまかに書かれているものを詳述する。本時の目標，展開案(学習活動，児童の反応，教師の働きかけ，評価の観点等)を記入する。

○1単位時間の授業の指導計画例　第5学年「計算のきまりについて考えよう」[10]

本時の目標…辺の長さが小数で表された長方形の面積の求め方を2通りの方法で考え，分配法則が成り立つことを説明することができる。

本時の展開

| 学習活動と児童の反応（[点線枠]） | 教師の働きかけ（○）と形成的評価（◆） |
|---|---|
| 1　学習問題をつかむ。<br>・１本線を入れた長方形について調べる。<br>3つの長方形ができる<br>・３つの長方形について調べる。<br>③=①+②, ②=③−①, ①=③−②<br>・本時の問題と出合う。<br>㋐と㋑の長方形の面積の求め方を考えましょう。 | ○長方形を提示し，縦と平行になる線を入れる。<br>○児童の気付き・発見を整理し,「３つの長方形（長方形①，長方形②，長方形③）ができること」を確認する。<br>※以下，長方形①は①とする。<br>○本時の着眼点として,「面積でたす」と「辺の長さでたす」を板書する。<br>○「実際に数を入れて求めたいな」等の児童のつぶやきを取り上げ，本時の問題とつなげる。 |
| 長方形の面積の求め方を考えることを通して，きまりを見つけよう | |
| 2　自力解決をする。<br>㋐を求める問題<br>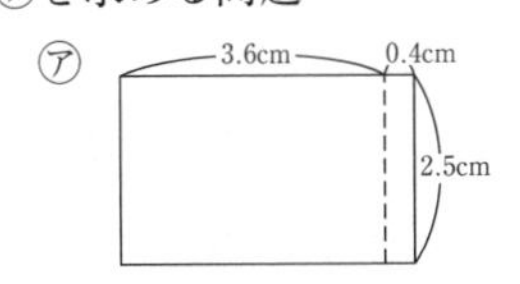<br>・面積でたす方法<br>2.5×3.6＋2.5×0.4<br>＝9＋1<br>＝10<br>・辺の長さでたす方法<br>2.5×（3.6＋0.4）＝2.5×4＝10<br>㋑を求める問題（図形変更）<br>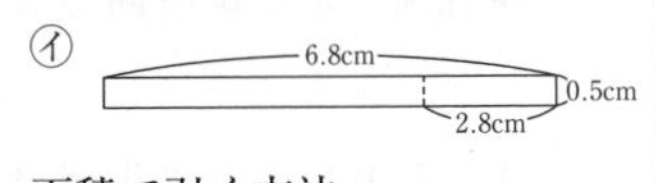<br>・面積で引く方法<br>0.5×6.8−0.5×2.8<br>＝3.4−1.4<br>＝2<br>・辺の長さでひく方法<br>0.5×（6.8−2.8）＝0.5×4＝2<br>以下省略 | ○㋐と㋑の図形は違うことを確認する。<br>○複数の方法で答えを求めようとしている児童に声かけを行い，周りの児童に広げるようにする。<br>◆辺の長さが小数の長方形の面積の求め方を考えることができているか。<br>（観察，ノート）【思考力，判断力，表現力等】<br>A　規則性を図や式，言葉等で説明している。<br>B　それぞれの面積を２通りの求め方で出している。<br>→規則性がないか問いかける。<br>C　それぞれの面積を１通りの求め方で出している。<br>→着眼点をもとに，２つ目の方法を考えさせる。<br>○机間指導の中で，答えだけでなく式と図や言葉を関連付けている考えを認め，声かけを行う。<br>以下省略 |

小学校の教師は全ての教科を１人で受けもつことが多いので,

日々の授業を計画する際には簡略化するなどの工夫が必要となるであろう。

## 2 評価

教育における**評価**には2つの側面がある。一つ目は，児童が学習目標に対してどれだけ成果を修めることができたかを自己点検する側面である。もう一方は，先生が自らの指導の成果を自己点検する側面である。児童に対する評価をどうすればよいかということを考えがちであるが，それと同時に教師の指導に対する評価を行い，自らの指導を振り返り改善すること（指導と評価の一体化）が求められる。

指導と評価の一体化

以下では，評価の目的と方法，観点に分けて述べていく。

### (1) 評価の目的

評価は目的によって，**診断的評価**，**形成的評価**，**総括的評価**の3種類に分けられる。

診断的評価

診断的評価…単元の学習を始める前に，児童の状況を把握するために行う評価のことである。この評価を行うことにより，児童の実態に適した指導計画を立てることができるようになる。単元の学習を始める前にプレテストを行うことで評価する。

形成的評価

形成的評価…授業（単元の指導）の中で，児童の学習の状況を把握し，どの程度目標を達成しているかをみる評価のことである。この評価を行うことにより，教師は単元の指導計画や1単位時間の授業の計画をその都度見直すことができるようになる。児童は自分自身の習熟度を知り，それに応じて復習ができるようになる。具体的には，授業中児童のワークシートをチェックしたり，授業後ノートを集め児童の記述内容を確認したりする。

総括的評価

総括的評価…単元の終わりや指導の節目に，児童の学習の状況を総括的に把握するために行う評価のことである。教師は単元やそれまでの指導内容全体を通したテストを行い，児童の最終的な学習到達度を確認する。

### (2) 評価の方法

評価の方法には，相対的評価，絶対的評価，個人内評価の3種類の方法がある。現在の学校教育では絶対評価が行われている。次に３種類の方法について説明する。

相対評価

**相対評価**…学級や学年集団全体における相対的位置を明らかにする評価の方法のことである。集団内での順位が明確になる。評価にかける労力が少なくてすむ。等の利点がある一方，個々の児童が学習目標を到達したのか不明である。小集団や異なる集団の間での評価の信頼性に疑問がある。等の問題がある。

絶対評価

**絶対評価**…学習目標に対して児童が，どの程度到達しているか基準を設定し評価する方法である。個々の児童の学習到達度状況を把握でき，教師の指導改善に直接つなげることができるという長所がある。その一方，評価にかかる労力が大きく，きめ細やかに行わないと指導の改善にまで結びつけることができない，教科書会社・教材会社が作成している教科書準拠のテスト問題を用いることが多く，教師自らの評価問題の作成はあまり行われていないという現状もある。

絶対評価の方法…１単位時間の授業ごとに評価する内容（評価基準）を設定し，それを評価規準（A，B，C）に照らし合わせ到達度を測定する。

A…「十分満足できる」状況と判断されるもの
B…「おおむね満足できる」状況と判断されるもの
C…「努力を要する」状況と判断されるもの

○絶対評価の例（形成的評価）第５学年「計算のきまりについて考えよう」[11]

辺の長さが小数の長方形の面積の求め方を考えることができているか。
（机間指導，ノート）【数学的な考え方】　評価基準
A　規則性を図や式，言葉等で説明している。
B　それぞれの面積を２通りの求め方で出している。
→　規則性がないか問いかける。　評価基準
C　それぞれの面積を１通りの求め方で出している。
→　着眼点をもとに，２つ目の方法を考えさせる。

個人内評価

**個人内評価**…他の児童と比較したり，教師が設定した到達目標に照らし合わせたりするなど，児童の外部の尺度で評価せ

ず，あくまで個人の学習状況に合わせて行う評価である。個人内のよい点や可能性，進歩状況などを積極的に評価しようとするものである。昨日，先月，去年からどのように進歩しているのかみとることができる。小学校学習指導要領の中でもこの個人内評価を取り入れることを推進している[12]。

### (3) 評価の観点

評価は，学力の３要素をもとに学習指導要領に示されている目標に準拠して行う。学力の３要素とは知識及び技能，思考力・判断力・表現力等，主体的な学習に取り組む態度である。それぞれを端的に説明する。

知識及び技能…算数固有の知識や個別のスキルのことである。
思考力・判断力・表現力等…算数という教科の本質に根ざした問題解決の能力，学び方やものの考え方のことである。
主体的な学習に取り組む態度…算数という教科を通してはぐくまれる情意や態度のことである。

これらの観点ごとに評価「Ａ」「Ｂ」「Ｃ」の３段階で評価する。単元ごとに観点別評価を行い，それらを学期ごとにまとめて評定をつける。また，観点別の学習状況の評価をもとに，総括的な学習状況を示すため，小学校は３段階(小学校低学年は行わない)の評定も各学校で定める規準に沿って行う。

評定の例　小学校５年生

| 単元名 | 評価の観点 | | |
|---|---|---|---|
| | 知識や技能 | 思考力・判断力・表現力等 | 主体的な学習に取り組む態度 |
| 整数と小数の仕組み | A | A | B |
| 図形の角と合同 | B | A | C |
| 体積 | B | A | B |
| １学期 | B | A | B |
| 評定 | 2 | | |

### (4)　多様な評価の方法

児童の学びの深まりを把握するために，以下のような多様な評価方法の研究や取組が行われている[13)]。

○多様な評価方法

ポートフォリオ

**ポートフォリオ評価**…児童生徒の学習の過程や成果などの記録や作品を計画的にファイル等に集積する。そのファイル等を活用して児童生徒の学習状況を把握するとともに，児童生徒や保護者等に対し，その成長の過程や到達点，今後の課題等を示す。

パフォーマンス

**パフォーマンス評価**… 教師が単元の目標をもとに設定したパフォーマンス課題に対して評価を行う。知識やスキルを使いこなす(活用・応用・統合する)ことを求めるような評価方法である。論説文やレポート，展示物といった完成作品(プロダクト)や，スピーチやプレゼンテーション，協同での問題解決，実験の実施といった実演（狭義のパフォーマンス)を評価する。

○それらを見とる評価規準

ルーブリック

**ルーブリック**…成功の度合いを示す数レベル程度の尺度と，それぞれのレベルに対応するパフォーマンスの特徴を示した記述語(評価規準)からなる評価基準表である。

**問題1**　適当な単元を選んで，単元の指導計画を作成せよ。また，診断的評価問題と総括的評価問題を作成せよ。

**問題2**　**問題１**の単元の中で１単位時間を選び，指導計画(学習指導展開案)を作成せよ。

**引用・参考文献**

1） 平林一榮（1990）「数学教育研究の課題」，平林一榮先生頌寿記念出版会編，『数学教育学のパースペクティブ』，聖文社，pp.25-27

2） 平林一榮（1987）『数学教育の活動主義的展開』，東洋館出版社，pp.257-259

3） 中原忠男（1999）『構成的アプローチによる算数の新しい授業づくり』，東洋館出版社，p.33

4） 古藤怜・新潟算数教育研究会（1992）『算数科多様な考えの生かし方まとめ方』，東洋館出版社，pp.21-31

5） 中原忠男（1995）『算数・数学教育における構成的アプローチの研究』，聖文社，pp.199-202

6） 文部科学省（2010）『平成22年度全国学力学習状況調査結果報告書』，p.151

7） 佐賀大学教育学部附属小学校算数科年間指導計画（一部抜粋）

8） 佐賀大学教育学部附属小学校第５学年学習指導案（抜粋）

9） http://www.suzukisoft.co.jp/products/sk/sk-sj/images_sj/c_shuuanbo.jpg

10） 佐賀大学教育学部附属小学校第５学年学習指導案抜粋（一部改変）

11） 佐賀大学教育学部附属小学校第５学年学習指導案（抜粋）

12） 文部科学省（2017）『小学校学習指導要領』，p.7
http://www.mext.go.jp/component/a_menu/education/micro_detail/icsFiles/afieldfile/2018/05/07/1384661_4_3_2.pdf（2018. 6. 23最終参照日）

13） 文部科学省（2016）「学習評価に関する資料」（平成28年１月18日）
http://www.mext.go.jp/b_menu/shingi/chukyo/chukyo3/061/siryo/_icsFiles/afieldfile/2016/02/01/1366444_6_2.pdf（2018. 6. 23最終参照日）

# 第5章　数と計算

## §１　指導内容の概観

「数と計算」領域のねらい

「**数と計算**」領域のねらいとしては，次の３つがあげられる[1]。

① 整数，小数及び分数の概念を形成し，その性質について理解するとともに，数についての感覚を豊かにし，それらの数の計算の意味について理解し，計算に習熟すること

② 数の表し方の仕組みや数量の関係に着目し，計算の仕方を既習の内容を基に考えたり，統合的・発展的に考えたりすることや，数量の関係を言葉，数，式，図などを用いて簡潔に，明瞭に，または，一般的に表現したり，それらの表現を関連付けて意味を捉えたり，式の意味を読み取ったりすること

③ 数や式を用いた数理的な処理のよさに気付き，数や計算を生活や学習に活用しようとする態度を身に付けること

2017年告示の算数科学習指導要領（以下，2017年版指導要領）では，数学的な見方・考え方を働かせ，数学的活動を通して，３つの資質・能力，つまり，「知識及び技能」，「思考力，判断力，表現力等」，「学びに向かう力，人間性等」を育成することが算数科の目標となっている。上述の①～③は，３つの資質・能力にそって，「数と計算」領域におけるねらいを示したものである。

「数と計算」領域の内容

こうしたねらいのもと，「数と計算」領域における指導内容の概略を示したものが次ページの表である[2]。上述のように，2017年版指導要領では，数学的な見方・考え方を働かせた学びが重視されている。こうした改訂の趣旨をふまえ，2017年版指導要領では，各領域において中心的に働かせる数学的な見方・考え方を明確にし，その上で，領域の再編や各領域の内容の移行などの見直しが図られている。「数と計算」領域では，表の上部にもあるように，「数の表し方の仕組み，数量の関係や問題場面の数量の関係などに着目して捉え，根拠を基に筋道を立てて考えたり，統合的・発展的に考えたりすること」という数学的な見方・考え方を柱として，次の４つの内容を扱うことになっている。

| 数学的な見方・考え方 | ・数の表し方の仕組み，数量の関係や問題場面の数量の関係などに着目して捉え，根拠を基に筋道を立てて考えたり，統合的・発展的に考えたりすること | | | |
|---|---|---|---|---|
| | 数の概念について理解し，その表し方や数の性質について考察すること | 計算の意味と方法について考察すること | 式に表したり式に表されている関係を考察したりすること | 数とその計算を日常生活に生かすこと |
| 第1学年 | ・2位数，簡単な3位数の比べ方や数え方 | ・加法及び減法の意味<br>・1位数や簡単な2位数の加法及び減法 | ・加法及び減法の場面の式表現・式読み | ・数の活用<br>・加法，減法の活用 |
| 第2学年 | ・4位数，1万の比べ方や数え方<br>・数の相対的な大きさ<br>・簡単な分数 | ・乗法の意味<br>・2位数や簡単な3位数の加法及び減法<br>・乗法九九，簡単な2位数の乗法<br>・加法の交換法則，結合法則<br>・乗法の交換法則など<br>・加法及び減法の結果の見積り<br>・計算の工夫や確かめ | ・乗法の場面の式表現・式読み<br>・加法と減法の相互関係<br>・（　）や□を用いた式 | ・大きな数の活用<br>・乗法の活用 |
| 第3学年 | ・万の単位，1億などの比べ方や表し方<br>・大きな数の相対的な大きさ<br>・小数（$\frac{1}{10}$の位）や簡単な分数の大きさの比較可能性・計算可能性 | ・除法の意味<br>・3位数や4位数の加法及び減法<br>・2位数や3位数の乗法<br>・1位数などの除法<br>・除法と乗法や減法との関係<br>・小数（$\frac{1}{10}$の位）の加法及び減法<br>・簡単な分数の加法及び減法<br>・交換法則，結合法則，分配法則<br>・加法，減法及び乗法の結果の見積り<br>・計算の工夫や確かめ<br>・そろばんによる計算 | ・除法の場面の式表現・式読み<br>・図及び式による表現・関連付け<br>・□を用いた式 | ・大きな数，小数，分数の活用<br>・除法の活用 |
| 第4学年 | ・億，兆の単位などの比べ方や表し方（統合的）<br>・目的に合った数の処理<br>・小数の相対的な大きさ<br>・分数（真分数，仮分数，帯分数）とその大きさの相等 | ・小数を用いた倍の意味<br>・2位数などによる除法<br>・小数（$\frac{1}{100}$の位など）の加法及び減法<br>・小数の乗法及び除法（小数×整数，小数÷整数）<br>・同分母分数の加法及び減法<br>・交換法則，結合法則，分配法則<br>・除法に関して成り立つ性質<br>・四則計算の結果の見積り<br>・計算の工夫や確かめ<br>・そろばんによる計算 | ・四則混合の式や（　）を用いた式表現・式読み<br>・公式についての考え<br>・□，△などを用いた式表現など（簡潔・一般的） | ・大きな数の活用<br>・目的に合った数の処理の仕方の活用<br>・小数や分数の計算の活用 |
| 第5学年 | ・観点を決めることによる整数の類別や数の構成<br>・数の相対的な大きさの考察<br>・分数の相等及び大小関係<br>・分数と整数，小数の関係<br>・除法の結果の分数による表現 | ・乗法及び除法の意味の拡張（小数）<br>・小数の乗法及び除法（小数×小数，小数÷小数）<br>・異分母分数の加法及び減法 | ・数量の関係を表す式（簡潔・一般的） | ・整数の類別などの活用<br>・小数の計算の活用 |
| 第6学年 | | ・乗法及び除法の適用範囲の拡張（分数）<br>・分数の乗法及び除法（多面的）<br>・分数・小数の混合計算（統合的） | ・文字$a$，$x$などを用いた式表現・式読みなど（簡潔・一般的） | |

ア　数の概念について理解し，その表し方や数の性質について考察すること

イ　計算の意味と方法について考察すること

ウ　式に表したり式に表されている関係を考察したりすること

エ　数とその計算を日常生活に生かすこと

これらについて，ここでは，次の３点を特に付言しておきたい。

第一は，ウの内容が，旧領域の「数量関係」領域から「数と計算」領域に移行されたことである。

第二は，表の各内容は，「知識及び技能」の項目を単に示すものではなく，それに関連した「思考力，判断力，表現力等」や「学びに向かう力，人間性等」も含めた内容であるということである。例えば，第３学年の「計算の意味と方法について考察すること」では，「小数($\frac{1}{10}$の位)の加法及び減法」が位置づけられている。この内容にかかわって，2017年版指導要領では，「思考力，判断力，表現力等」として，「数のまとまりに着目し，小数でも数の大きさを比べたり計算したりできるかどうかを考えるとともに，小数を日常生活に生かすこと」〔第３学年Ａ(5)イ(ア)，下線筆者〕が示されている。つまり，「小数($\frac{1}{10}$の位)の加法及び減法」の学習では，例えば，「0.1の幾つ分」といった「数のまとまり」に着目した数学的な見方を働かせることによって，0.2＋0.3のような小数の加法を「2＋3」という整数の加法に帰着させながら，計算の仕方を児童自らが考える能力の育成が一層強調されていることに留意したい。

第三は，表における「統合的」，「簡潔・一般的」，「多面的」という用語に注目することの重要性である。例えば，第４学年における「億，兆の単位などの比べ方や表し方(統合的)」にかかわっては，「思考力，判断力，表現力等」として，「数のまとまりに着目し，大きな数の大きさの比べ方や表し方を統合的に捉えるとともに，それらを日常生活に生かすこと」〔第４学年Ａ(1)イ(ア)，下線筆者〕が示されている。このことは，億や兆に関する学習では，千や万までの単位に関するこれまでの学習を振り返りながら，十進の原理に基づく数の構成について統合的に理解することを強調するものである。また，こうした強調は，「算数・数学の問題発見・解決の過程」[3]の「統合・発展／体系化」を意識したものと考えられる。

**問題**　「数と計算」領域における「思考力，判断力，表現力等」に関する内容を確認せよ。

# §2　整数とその計算

## 1　整数の概念と表現

### (1)　自然数と整数

自然数

1から始まり，2，3，4，…と限りなく続く数を**自然数**という。また，自然数に0と負の数(－1，－2，－3，…)をあわせた数を**整数**という。なお，小学校算数科では負の数は扱わないため，自然数と0をあわせた数を整数とよんでいることに注意したい。

整数

自然数には，「物の個数」や「順序」を表すという機能がある。物の個数，つまり，集合の要素の個数を表す自然数を**集合数**（または基数)といい，順序を表す自然数を**順序数**(または序数)という。例えば，「36人の学級の中で，私は，今朝，5番目に登校しました」という場合，36は集合数であり，5は順序数である。「数える」という行為には，集合数と順序数の両方の見方が必要になるといわれる[4]。具体的には，ものを数えることは，数えようとするものの集まりをまず意識した上で，個々のものに対して，「いち」，「に」，「さん」，…という数詞を順に対応させ(順序数の使用)，その対応が完成したときの最後の数によってものの個数を表す(集合数の使用)行為である。

集合数(基数)
順序数(序数)
数えること

### (2)　整数の概念形成

1対1対応

第1学年では，集合の要素間の「1対1対応」に基づいて，整数を導入する。例えば，数「3」の場合，3個のリンゴ，3本の鉛筆，3本の花などの絵の上に，ブロックやオハジキなどの半具体物を1個ずつ置くという「1対1対応」の活動を通じて，これらの集合が，3つの要素を有するという点において共通していることを認識させる。そして，共通する要素の数を表す表記として，「3」という数字や「さん」という読み方を導入する。

このような集合数の側面に着目した整数の定義の仕方に対して，順序数の側面に着目して，整数を数学的に定義する仕方もある。それが，ペアノ(Peano, G.)の5つの公理に基づく定義の仕方である。

ペアノの公理
0の意味

「0」について，小学校算数科では，「存在の無としての0」，「空位の0」，「基準の0」の3つの意味が扱われる。第1学年では，クッキーが3，2，1と1個ずつ順に減る場面などを示しながら，「存在の無としての０」という意味に基づいて，０の概念が一般に導入される。

### (3)　数の表現

数概念の形成にあたっては，数の表現が重要な役割を果たす。数の表現には，数の読み方と数の書き方の２つがある。

数詞
命数法

**数詞**を用いて数を読む方法を**命数法**という。数詞には，「いち」，「に」，「さん」などの基本数詞と，「じゅう」，「ひゃく」，「せん」などの単位数詞がある。我々が用いている命数法には，基本数詞と単位数詞を組み合わせて読むという特徴や，空位の０をとばして読むなどの読み方の特徴がある。日本語と英語の数の読み方が異なるように，数詞や命数法には，言語に依存する側面がある。

数字
記数法

一方，**数字**とよばれる記号を用いて数を書き表す方法を**記数法**という。下の例にもあるように，使用されている記号の種類や書き方の原理によって，歴史的には，様々な記数法が使用されてきた[5)]。

| | | | | | | |
|---|---|---|---|---|---|---|
| バビロニア | ：v | vv | vvv vv | < | <<< <<< | v>v><<<vvv v |
| エジプト | ：Ｉ | II | IIIII | ∩ | ∩∩∩∩∩∩ | ᑕᑕ∩∩∩IIII |
| ローマ | ：I | II | V | X | LX | CCXXXIV |
| 中　国 | ：一 | 二 | 五 | 十 | 六十 | 二百三十四 |
| インド・アラビア | ：1 | 2 | 5 | 10 | 60 | 234 |

十進位取り記数法

今日，我々が用いている記数法は，インド・アラビア数字を用いた**十進位取り記数法**とよばれるものである。それは，「十進の原理」と「位取りの原理」から成る記数法である。十進の原理とは，１が10個集まったら１個の10とし，10がさらに10個集まったら１個の100にするなどのように，10のまとまりごとに，１つ上の位をつくる原理である。一方，位取りの原理とは，数字の位置によって数の大きさを区別する原理をいう。例えば，「505」において，２つの「５」という数字の表す数は異なる。加えて，０という数字を用いることによって，十の位が空位であることを巧みに表現している。実際の指導においては，こうした十進位取り記数法のよさや有用性を児童にもぜひ感得させたい。

## 2 整数の加法・減法

### (1) 整数の合成・分解

合成

分解

加法・減法の学習に先立ち，第１学年では，整数の合成と分解を扱う。数の**合成**とは，例えば，３と２をあわせた数を５と捉えることなどである。また，数の**分解**とは，７を４と３にわけて捉えることなどである。整数の合成・分解は，整数の多様な見方につながるとともに，加法・減法の理解の素地となるものである。

### (2) 加法，減法が用いられる場面とそれらの意味

第１学年では，一般に，次のような場面を通じて加法を導入し，その意味を理解させることになる。

合併

増加

・大きい水そうに金魚が３匹います。小さい水そうには金魚が２匹います。金魚はあわせて何匹いるでしょうか。（**合併**）

・３人の子どもが公園で遊んでいます。２人遊びにきました。全部で何人になるでしょうか。（**増加**）

求大

順序数を含む加法

逆減

上記の他にも，加法の場面としては，「たけしさんは鉛筆を３本もっています。あやこさんは，たけしさんよりも鉛筆を２本多くもっています。あやこさんは鉛筆を何本もっているでしょうか。」（求大）や「けんたさんは，前から３番目です。けんたさんの後ろには２人います。みんなで何人いるでしょうか。」(順序数を含む加法)，「あめを３個食べました。まだ２個残っています。あめは，はじめに何個あったでしょうか。」（逆減）などもある。

減法は，数学的には，加法の逆演算として定義される。実際には，次のような場面を通じて，減法を導入し，その意味を理解させることになる。

求残

求差

・みかんが８個あります。３個食べました。みかんは，いくつ残っているでしょうか。（**求残**）

・赤い車が８台，青い車が３台とまっています。赤い車は，青い車より何台多いでしょうか。（**求差**）

求小

上記の他にも，減法の場面としては，「たつやさんは，花を８本もっています。まりなさんのもっている花の本数は，たつやさんよりも３本少ないそうです。まりなさんは花を何本もっているでしょうか。」（求小）や「８人が一列に並んでいます。けんじさんは左か

順序数を含む減法

ら３番目です。けんじさんの右には，何人いるでしょうか。」(順序数を含む減法)，「折り紙を何枚かもっています。３枚もらったので，折り紙は全部で８枚になりました。折り紙を最初に何枚もっていたでしょうか。」(逆加)などがある。

逆加

加数分解

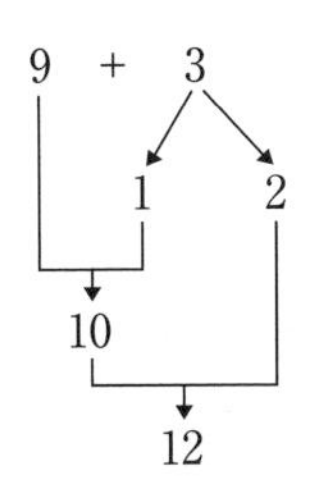


なお，こうした加法や減法の指導にあたっては，「具体的な場面について，児童がどの場合も同じ加法や減法が適用される場として判断することができるようにすることが大切である」[6] と指摘されている。この指摘にもあるように，加法や減法の場面の違いを必要以上に強調するのではなく，むしろ，加法あるいは減法という演算としての共通性の理解を大切にしたい。

被加数分解

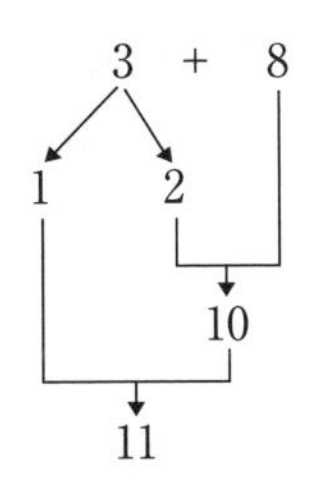


### (3)　和が10よりも大きい数になる加法とその逆の減法

和が10以下の加法とその逆の減法に引き続き，和が10よりも大きい数になる加法とその逆の減法を扱う。それらのポイントは，10に着目した加法あるいは減法の仕方の理解である。

加法については，20までの数を学習した後に，次のような加数分解や被加数分解の考えに基づく加法の仕方を学習する。

$9+3=9+(1+2)=(9+1)+2=10+2=12$　**(加数分解)**

減加法

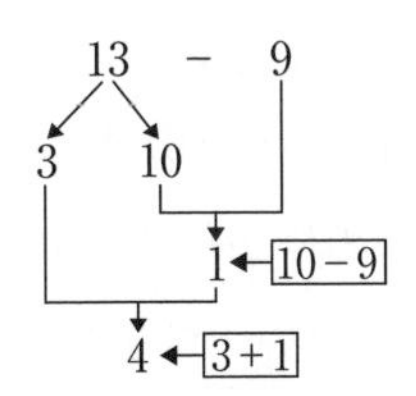


$3+8=(1+2)+8=1+(2+8)=1+10=11$　**(被加数分解)**

一般には，加数分解を先行して指導するが，被加数が小さく，加数が10に近い数の場合には，被加数分解のほうが計算しやすい場合もある。そのため，加数と被加数の組み合わせによっては，加数分解と被加数分解を使い分けることができるように指導したい。

減法については，次のような減加法や減々法の考えを扱う。

$13-9=10-9+3=1+3=4$　**(減加法)**

減々法

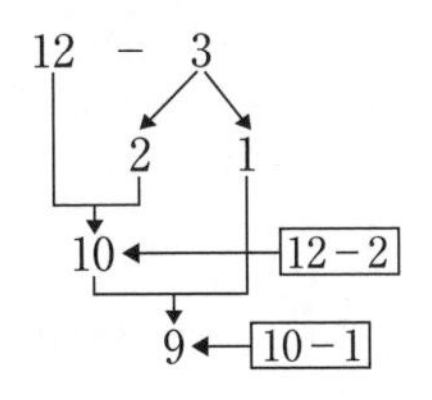


$12-3=12-2-1=10-1=9$　**(減々法)**

例えば，176－99の場合，(100－99)＋76のように，減加法による計算のほうが簡単である。一方，176－78の場合には，176－76－2のように，減々法による計算のほうが簡単である。学習の初期には，減加法を先行して扱うことが多いが，加法の場合と同様に，減数と被減数の組み合わせによって，減加法と減々法を使い分けることができるように指導したい。

### (4) 多数桁の加法，減法

第２学年以降になると，多数桁同士の加法，減法を学習する。ここでは，第２学年における「２位数同士の加法」を例にして，その主な指導のポイントを考えてみよう。

32＋16のような「繰り上がりのない加法」の場合には，次の３点がポイントになる。第一は，ブロックなどの操作や，そうした操作の過程，結果を表した図との対応を図りながら，同じ位同士に着目することによって，32＋16が30＋10と２＋6の和を求めることによって計算できることを理解させることである。第二は，「10の幾つ分」という数の相対的な見方によって，30＋10が3＋1という１位数同士の加法に帰着できることを理解させることである。第三は，この時期に導入される筆算の扱いである。筆算の形式自体は，慣例や規約に基づく社会的知識であるから，児童自らがそれを再構成することは難しいが，位をそろえて縦にかくことによって計算しやすくなるといった筆算のよさについては児童に感得させたい。

筆算

37＋25のような「繰り上がりのある加法」では，「繰り上がり」の意味を理解させることがポイントになる。例えば，37＋25の場合，一の位同士の和である12について，ブロックなどの操作活動を通じて，10個の１が１個の10になることを理解させた上で，筆算において１を繰り上げる手続きの形式化を図ることが重要である。

なお，「32＋16」や「58－23」のような繰り上がりのない加法あるいは繰り下がりのない減法の場合には，必ずしも一の位から計算する必要はなく，十の位から計算しても特に差し支えない。つまり，一の位から計算するよさは，繰り上がりのある加法あるいは繰り下がりのある減法において，はじめて顕在化する。筆算の指導にあたっては，こうした点にも留意したい。

## 3 整数の乗法

### (1) 乗法が用いられる場面とその意味

整数の乗法は，１つ分の大きさが決まっているときに，その幾つ分かに当たる大きさを求める場面によって導入される。例えば，「１箱に２個ずつ入っているケーキの３箱分の個数」は，「2＋2＋2」という**同数累加**によって求めることができる。一般には，こうした同数累加の簡便な表現として，「2×3」が導入される。その後，「幾つ

同数累加

倍

分」を「**倍**」とみることによって，１つ分の何倍かに当たる大きさを求める演算として乗法を発展的に捉える。倍概念による乗法の捉え方は，一般には，「(基準量)×(割合)＝(全体量)」につながるものであり，小数や分数の乗法の理解の基盤になる。

乗法九九

**乗法九九**については，次のような指導の流れが一般的である。つまり，２のまとまりや５のまとまりに着目した「数え方の工夫」に関する経験をふまえ，２の段や５の段をまず構成する。その後，３，４，６，７，８，９の段を順に構成し，最後に１の段を構成する。こうした乗法九九の学習では，単に九九表を完成し，それを記憶するだけではなく，児童が，「乗数が１増えれば積は被乗数分だけ増えること」や乗法に関する交換法則といった乗法に関する様々な性質に帰納的に気づくことも重要である。例えば，3×10といった九九をこえた乗法であっても，「乗数が１増えれば積は被乗数分だけ増える」という性質をもとに「3×10＝3×9＋3」と考え，30という積を発展的に求めることも可能となる。

乗法に関する性質

### (2)　多数桁の乗法

第３学年では，第２学年での学習をもとに，２位数あるいは３位数に１位数あるいは２位数をかける乗法を扱う。

**①　「(２位数あるいは３位数)×(１位数)」の乗法**

例えば，23×3の場合，被乗数を「20と３」とみることによって，20×3＝60，3×3＝9，60＋9＝69というように，基本的な計算を基にして計算できることの理解が重要になる。この計算の仕方は，分配法則の考えが基盤になっている。また，こうした位に着目した乗法の仕方は，乗法の筆算につながるものでもある。

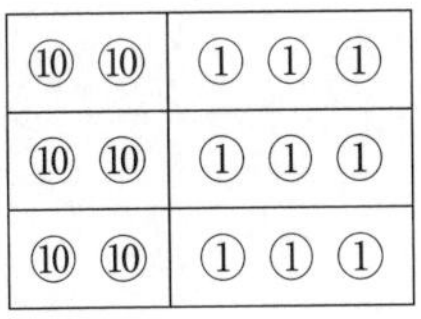

| | |
|---|---|
| ⑩ ⑩ | ① ① ① |
| ⑩ ⑩ | ① ① ① |
| ⑩ ⑩ | ① ① ① |

実際の指導にあたっては，右のような図的表現などをもとに，数の相対的な見方によって，20×3について，10のまとまりが（2×3）個あると考えることがポイントになる。なお，この「(何十)×(１位数)」については，一般には，23×3のような乗法に先行して学習しておく必要がある。こうした乗法の指導の系列を確認しておくことも大切である。また，13×7のような乗法の場合にも，上述の図的表現などを用いて，筆算形式における繰り上がりの意味を十分に理解させることが重要である。

② 「(２位数，３位数)×(２位数)」の乗法

例えば，21×32といった乗法がこれに該当する。この場合にも，既習の乗法に帰着することによって，児童自らが乗法の仕方を考えることができるように指導を工夫したい。乗数が１位数の場合には被乗数を分けたが，乗数が２位数の場合には，乗数を分けると考えやすい。つまり，32を「30と２」に分けて，21×30と21×2という２つの乗法に帰着させて考えることがポイントになる。なお，この乗法の学習にあたっては，「(２位数)×(何十)」が先行して扱われているという教材系列にも留意したい。

## 4 整数の除法

### (1) 除法が用いられる場面とそれらの意味

除法は，数学的には，乗法の逆演算として定義される。つまり，整数 $a$，$b(b\neq 0)$ に対して，$a=b\times x$ を満たす整数 $x$ が存在するとき，

商

$x$ を $a\div b$ と定義し，$a$ を $b$ で割ったときの**商**という。一方，こうした整数 $x$ が存在しない場合には，$a=b\times q+r$ となる整数 $q$，$r$（ただし，$0\leqq r<b$）が存在することになる。こうした $q$，$r$ を用いて，余りのある除法を「$a\div b=q$ あまり $r$」と表す。なお，この場合の等号は，通常の等号の意味と異なることに注意する必要がある。

第３学年では，次のような２つの場面を通じて，除法を導入する。

等分除

**等分除**：ある数量を等分したときにできる１つ分の大きさを求める場合　(例)「クッキーが12個あります。３人で同じ数ずつ分けると，１人分は何個になりますか。」

包含除

**包含除**：ある数量がもう一方の数量の幾つ分であるかを求める場合　(例)「鉛筆が12本あります。１人に３本ずつ配ると，何人に配ることができますか。」

除法の導入期では，具体的な操作などを通じて，除法の答えを求めることになるが，その後，乗法九九を使って答えを求めることができるようにしていくことが重要になる。例えば，上述の等分除の場合には，「１人分のクッキーの個数×人数＝全部のクッキーの数」であることから，12÷3の答えは，３の段の乗法九九をもとに，「□×3＝12」の□に当たる数を見つければよいことを理解させる。

余りのある除法

余りのある除法の導入にあたっては，取り扱う場面にも配慮する必要がある。例えば，「14mのリボンを４人で分ける」という場面は

適さない。なぜなら，14mのリボンを半分に折る操作を２回繰り返すことによって，児童が１人分のリボンを実際に作ることが可能であり，余りを求める必然性がないからである。こうした視座から，一般には，「14個のボールを４個ずつ袋に入れる」といった包含除の場面によって，余りのある除法を導入することが一般的である。

### (2)　多数桁の除法

乗法九九を１回適用することによって商を求めることができる除法に続いて，72÷3や822÷3，84÷21，368÷24など，余りがある場合も含め，様々なタイプの多数桁の除法を順に学習する。除法の場合にも，数の相対的な見方によって既習の除法に帰着させながら，除法の仕方を児童自らが考えるように指導を工夫したい。

```
   2 4
3 ) 7 2
   6 0
   ---
   1 2
   1 2
   ---
     0
```

例えば，「72枚の紙を３人に等しく配る」場合，72を70と２に分け，さらに70を７個の10とみながら，「7÷3＝2あまり１」と計算することができる。このことは，１人に20枚をまず配ることができ，10枚余っていることを意味している。そこで，残った２枚とあわせた12枚をさらに３人で分けると，４枚ずつ配ることができる。その結果，１人分の紙の枚数は24枚となる。実際の指導では，具体的な操作を通じて，上述の除法の仕方を考えさせた上で，左図のような筆算による除法の手続きにつなげることになる。

除数が２位数の除法については，例えば，89÷28の場合，被除数と除数の上位の位である８と２に注目し，４という仮商をたてたとする。このときには，28×4＝112となってしまう。そのため，仮商を３に修正し，「89÷28＝3あまり５」という結果を得る必要がある。このような商の見当や仮商の修正は，児童にとって特に難しい。そのため，これらの手順に関する丁寧な指導が望まれる。

## 5　「四則に関して成り立つ性質」，「整数の性質」

### (1)　四則に関して成り立つ性質

交換法則
結合法則
分配法則

第４学年では，「四則に関して成り立つ性質」として，**交換法則**〔□＋△＝△＋□など〕，**結合法則**〔□×（△×○）＝（□×△）×○など〕，**分配法則**〔（□＋△）×○＝□×○＋△×○など〕を取り上げる。例えば，九九表において4×6＝6×4（乗法に関する交換法則）が成り立つなど，児童は，それまでの学習においても，具体的な場面において，四則に関して成り立つ性質に気づいてきている。第４学年では，こうした帰納的，経験的に気づいてきた性質について，□や△などを用いた式によって表し，整理することがポイントになる。また，こうした性質を活用して，児童が新しい計算の仕方を考えたり，計算を工夫したりすることも重要になる。

### (2) 整数の性質

#### ① 偶数，奇数

偶数
奇数

整数を２で割ったとき，割り切れて，余りが０になる整数を**偶数**という。また，割り切れずに，余りが１になる整数を**奇数**という。第５学年では，整数が偶数と奇数の２つに類別されることを学習する。そのねらいは，例えば，「一の位が偶数であれば，その整数も偶数である」といった形式的な整数の判別方法を単に習得することだけではない。むしろ，整数の集合を類別したり，乗法的な構成に着目して集合を考えたりすることによって，新たな視点から整数を捉え直し，数に対する感覚を豊かにすることにある。なお，０についても，２でわったときに余りがないことから，偶数として類別されることに留意させたい。

#### ② 約数，倍数

約数，公約数
最大公約数
倍数
公倍数
最小公倍数

整数$a$，$b$に対して，$a=b\times q$となる整数$q$が存在するとき，$b$を$a$の**約数**という。また，２つ以上の整数に共通な約数を**公約数**といい，公約数の中でもっとも大きな数を**最大公約数**という。

一方，上述の$a=b\times q$において，$a$を$b$の**倍数**という。また，２つ以上の整数に共通な倍数を**公倍数**といい，公倍数の中でもっとも小さい公倍数を**最小公倍数**という。なお，０は倍数には含めない。

第５学年における約数，倍数に関する学習のねらいも，乗法や除法に着目した視座から，整数に関する理解を深めることにある。実際の指導では，約数や倍数を具体的に求めたりする活動や，日常生活の問題の解決にそれらを活用したりする活動を工夫したい。

**問題** 第３学年および第４学年の教科書をもとに，整数の除法に関する内容の系統や指導のポイントをまとめよ。

# §3　小数・分数とその計算

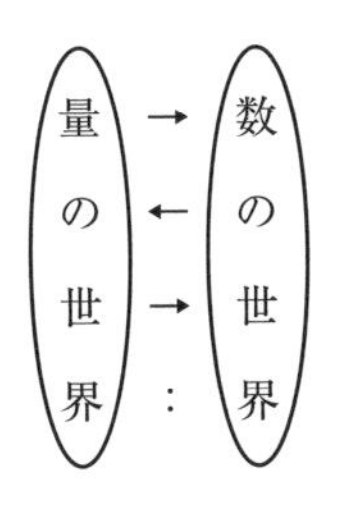


量(分離量)を根拠にして数(整数)を学習し，その数(整数)を用いて量の世界を分離量から連続量へと広げ，その量の世界(連続量)を根拠に数の世界を整数から小数・分数へと広げていく。子どもたちは，数学の歴史を辿るように，量の世界と数の世界を行き来して少しずつ学習を進めていく。

## 1　小数の概念

### (1)　小数とは

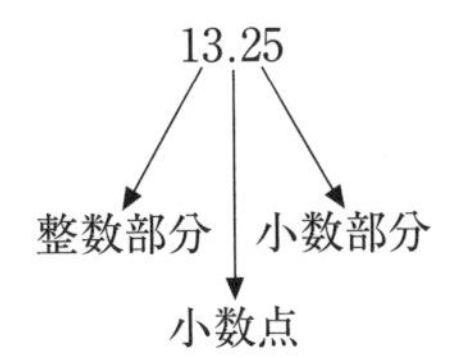


0.5(れいてんご)とか13.25(じゅうさんてんにご)などのように，1未満の端数部分のある十進位取り記数法で表された数を**小数**という。0.5の「０」や13.25の「13」を**整数部分**，それぞれの「５」や「25」を**小数部分**といい，整数部分と小数部分は**小数点**「.」で区別される。整数は，小数部分が０の小数と捉えなおすことができる。

### (2)　小数の意味理解

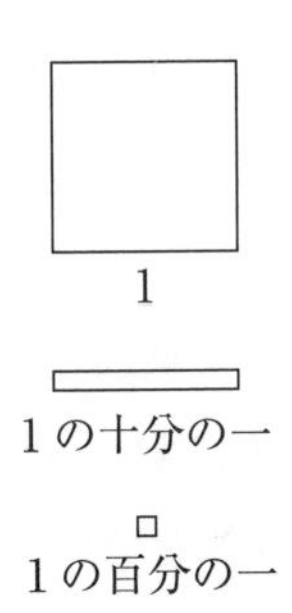


整数でかさや長さなどの連続量を測定すると，半端な量が残る。この半端な量を測るため，「八寸六分六釐二秒五忽」のように十分の一，百分の一などの単位が工夫された(劉徽註釈『九章算術』263年)。しかし，今日の小数点を用いた表記が使われるようになったのは，シモン・ステファン(1548年－1620年)およびジョン・ネイピア(1550年～1617年)の提案後，すなわち，17世紀以降である。

① 小数の意味

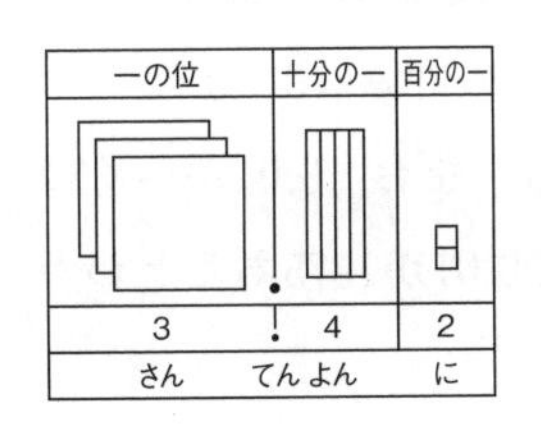


「１」に対して，「十分の一」，その十分の一の「百分の一」を作る。具体的には，１Lの十分の一，１mや１cmの十分の一などで，かさや長さを測り特定する。例えば，３Lと「ちょっと」と測ったとき，その「ちょっと」を，１Lの十分の一が４つと，１Lの百分の一が２つなどと特定したとする。それを位取りの原理に則って整理すると(左図)，「3.42」という小数表記を得る。意味(「一が３と十分の一が４と百分の一が２」)と数字(「3.42」)と数詞(「さんてんよんに」)の三者を一体的に学習することが求められる。

小数を分類する用語：
有限小数と無限小数
純小数と帯小数
循環小数と非循環小数

② 数直線

数直線は，整数の全順序性をよく表している。整数を部分として

全順序関係：
大小関係が定義されているとき，任意の$a$，$b$に対し，$a<b$または$a=b$または$b<a$が成り立つ。

含むように拡張された小数の世界でも，全順序関係が成り立つことを数直線は表している。

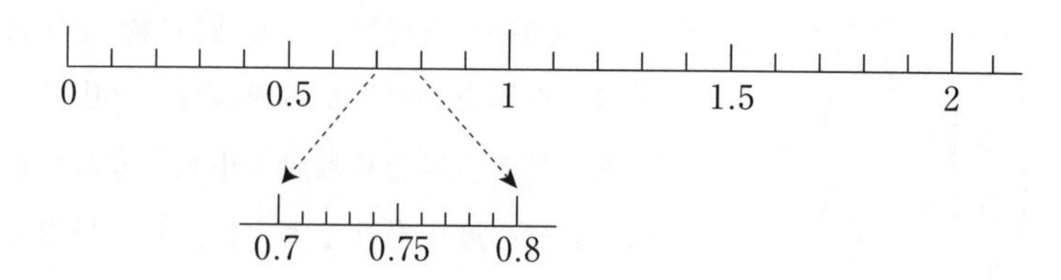


## 2　小数の加法・減法

### (1)　小数の加法

#### ①　加法の意味と式

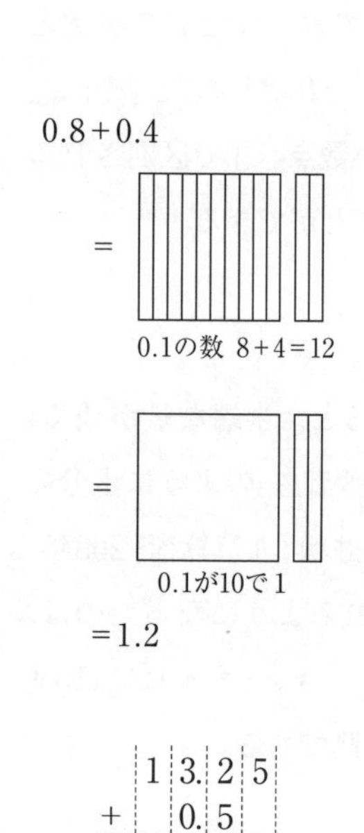


整数の学習で「たし算」の意味を合併や添加で学習しているので，例えば，「りんごジュース0.8Lとぶどうジュース0.4Lを合わせて，ミックスジュースを作ります。ミックスジュースは何Lになりますか。」に対して，「たし算」だと演算を決定できる。そして，式を0.8＋0.4と書き，整数で学習した加法を小数へと拡張する。

#### ②　加法の筆算

筆算は，位取り記数法に基づく計算方法である。小数でも整数の場合と同じように，一桁の数同士の加法(たし算「九九」)に分解される。

13.25＋0.5を例に説明する(左図)。小数点を揃えて被加数と加数を書くことで，位が揃う。どの位からたし算を始めてもよいが，広く採用されている順で，つまり末尾から順々に計算していくことにする。隠れている0を頭の中で補って，小数第二位の計算は5＋0＝5，小数第一位の計算は2＋5＝7，一の位の計算は3＋0＝3，十の位の計算は1＋0＝1となり，13.75を得る。なお，0.01がいくつあるかと考えると，整数の筆算1325＋50で0.01が1375あるとわかるが，上述のようにまとめる。

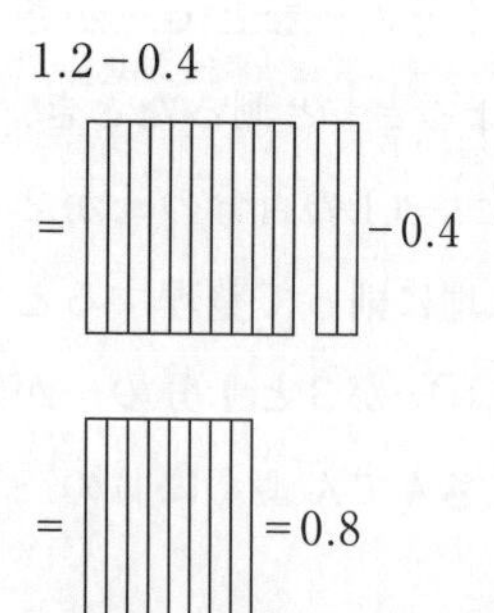


### (2)　小数の減法

#### ①　減法の意味と式

整数の「ひき算」の意味を求残や求差で学習しているので，例えば，「1.2Lのジュースがあります。そのジュースを0.4L飲むと，残りは何Lでしょうか。」に対して，求めるのは残りだからと，式を1.2－0.4

と決定できる。

②　**減法の筆算**

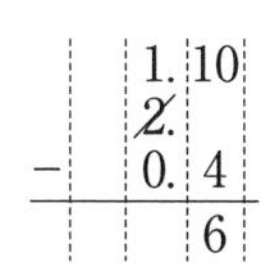

位取り記数法に即することで，何桁のひき算でも，たし算「九九」の逆に分解される。例えば，2－0.4の場合，10－4と1－0により，1.6を得る。原理的には，被減数から減数を引きさえすればよいから，どこからどの順で引いてもよい。

## 3　小数の乗法・除法

### (1)　小数の乗法

①　**乗法の意味と式**

かけ算の意味を「一つ分の大きさが決まっているときに，その幾つ分かに当たる大きさ」を求めること（定式化すると，（１あたりの量）×（いくつ分）＝（全体の量））を整数で学習しているので，例えば，「１m$^2$あたり0.24Lまくことになっている肥料を，４m$^2$の花壇にまくには，何Lの肥料が必要ですか。」に対して0.24×4と，そして，「1.8m$^2$の花壇」に対して0.24×1.8と式を書き，小数の乗法の学習を始めることができる。

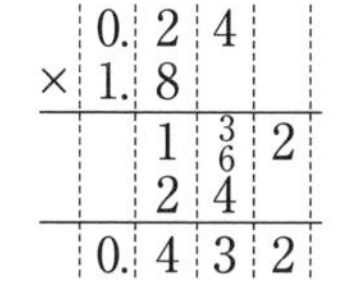

②　**乗法の筆算**

数字が十進位取り記数法で書かれているので，小数の乗法の筆算も，小数点を揃え，位を揃えて書き，意味を考えて部分積を計算し，その和(0.192＋0.24)を求めればよい(左図)。

ところで，0.24×1.8の0.432を眺めてみると，0.001が１あたり24，それが18並んで，全部で432あることに気づく。つまり，0.001が24×18あるから，整数の筆算で0.001が432とわかる。

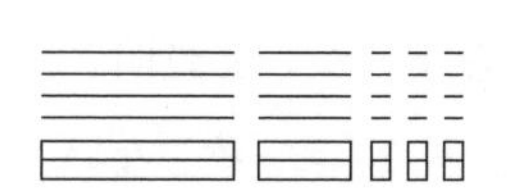

この考えを筆算としてまとめると，0.24×1.8の小数点は見ずに整数のかけ算(24×18)をし，その積の意味を考えて，小数点の処理をすればよいことになる。この場合，小数第二位と小数第一位までの数の積なので，2＋1をして，432の2が小数第三位になるように小数点を打つ。

```
   0. 2 4
×     1. 8
─────────
   1 9 2
   2 4
─────────
  .4 3 2
```

### (2)　小数の除法

①　**除法の意味と式**

例えば，「1.8m$^2$の花壇に肥料を溶かした水3.42Lをどこも同じようにまきます。１m$^2$あたり何Lまくことになりますか。」に対して，

「1あたり量」を求めるので，演算は「わり算」で，3 m²の場合(3.42÷3)と同じように，3.42÷1.8と式を書ける。

② **除法の筆算**

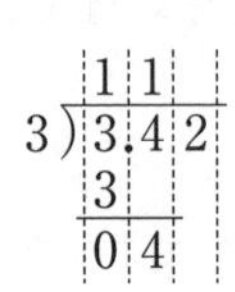

上の教材例で考えると，3.42÷3の筆算は(左図)，1 m²あたり1Lの水はまけるので，被除数の位に揃えて，商(仮商)を立てる。そして，「かける・ひく・おろす」と続け，さらに0.1Lまけるので，小数第一位に1を立てる。このあと「かける・ひく・おろす」と続ければよい。3.42÷1.8の場合も同様に筆算を進めることができる。

ところで，1あたりの量を求めればよいわけだから，3.42÷3の場合は，0.01が342あると考え，342÷3を計算して0.01が114とわかるので，1.14と商を得る。3.42÷1.8の場合は，0.1あたりを求めて，その商を10倍すれば，3.42÷1.8の商となる。0.1あたりは，0.01が342あると考えて342÷18(整数÷整数)でも，3.42÷18(小数÷整数)でも求められる。

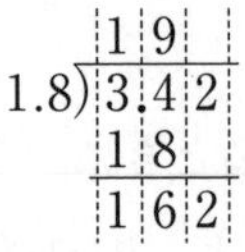

ここでは，3.42÷18を計算し0.1あたりを求めて10倍する仕方を説明する(左図)。3.42÷1.8の1.8の小数点を見ずに，3.42÷18をする。その商は，0.19となる。0.19は0.1あたりの大きさだから10倍する。すなわち，小数点を右に1桁分移して，1.9が求める商である。小数点を何桁分移すかは除数の小数点以下の桁数で決まっているので，筆算としては，初めに移動する小数点を打ってから，筆算を始めるようにまとめる。この筆算では，計算の途中に現れる差「18」と「162」は，1.8，1.62である。ちなみに，3.42÷1.8の筆算について，除数と被除数の両方に10倍しても商は変わらないからと説明されることもあるが，両者の計算過程における差(残り)は一致しない。

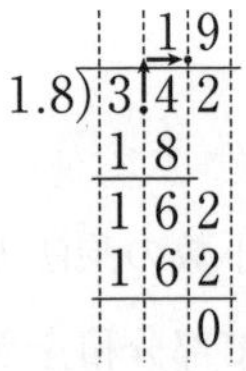

## 4 分数の概念

### (1) 分数とは

分数を分類する用語：
真分数
仮分数
帯分数

$\frac{1}{2}$(にぶんのいち)，$\frac{2}{3}$(さんぶんのに)，$\frac{3}{2}$(にぶんのさん)のように，2つの整数が「－」(バー)の上下にある数を**分数**という。「－」の上の数を**分子**，下の数を**分母**という。そして，$\frac{1}{2}$や$\frac{2}{3}$のように，分子が分母より小さい分数を**真分数**と，分子が分母より小さくない分数を**仮分数**という。そのうち，分子が1の分数を単位分数という。

また，$2\frac{1}{3}$（にとさんぶんのいち）のように整数と分数の和である数も分数といい，特に**帯分数**という。

同値分数

$\frac{1}{2}=\frac{2}{4}=\frac{3}{6}=\cdots$，$\frac{2}{3}=\frac{4}{6}=\frac{6}{9}=\cdots$など，同値な分数が無数にある。

### (2)　分数の意味理解

分数と言えば，端数を単位分数の和で表すエジプト分数が知られている。そして，分数概念の起源は，小数より早いとも言われ，アーメス・パピルス（紀元前1650年ごろ）まで遡る。しかし，今日のような分数表現が広く使われるようになったのは，レオナルド・フィボナッチ（レオナルド・ピサノLeonardo Pisano）後，すなわち，13世紀以降である。

#### ①　分数の意味

分数は，いくつかの意味を適宜使い分けることが求められる概念である。その多義性ゆえに，学習者にとって難しい学習内容の一つとされている。

分数の多義性

分数は以下の脈絡で使われる。

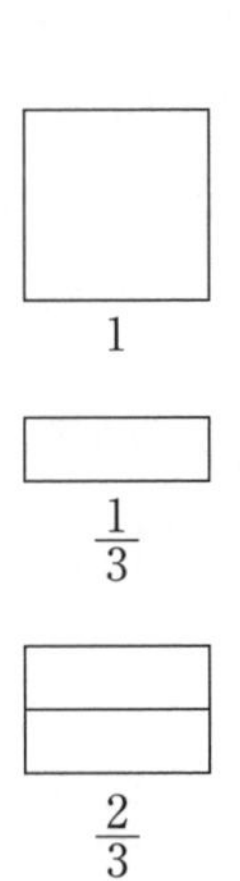


・具体物に対する等分割操作，あるいは，その操作の結果を表すとき。操作分数とか，分割分数・「の」つき分数（…の３分の２）などと言われる。

・$\frac{1}{2}$mとか，$\frac{2}{3}$Lなどと，連続量を表すとき。量分数と言われる。

・比べる２つの量Ａ，Ｂについて，「Ａに対するＢの割合は」，とか「Ａを１と見なすとＢは」などと割合や比を表すとき。割合分数と言われる。

・2÷3などの商を表すとき。商分数と言われる。

このうち，整数から分数への学習では，量分数が用いられる。そして，例えば，$\frac{1}{3}$(L)は，１(L)を３等分した端の数(量)，あるいは，３つ分で１(L)になる端の数(量)と定義される。そして，$\frac{2}{3}$は，$\frac{1}{3}$が二つと定義される。

#### ②　数直線

連続量によって意味づけられる分数は，数直線により整数と統合される。小数と同様に，分数の世界でも全順序関係が成り立つ。

## 5　分数の加法・減法

### (1)　分数の加法

**①　加法の意味と式**

「りんごジュース$\frac{3}{5}$Lとぶどうジュース$\frac{1}{5}$Lを合わせてミックスジュースを作ります。ミックスジュースは何Lになりますか。」に対して，合併した量を求めることなので，分離量の場合と同様に「たし算」だと演算決定できる。そして，式は$\frac{3}{5}+\frac{1}{5}$となる。

異分母の分数
同分母の分数
通分

**②　加法の筆算**

$\frac{2}{3}+\frac{1}{2}$を例にする。異分母のときは同分母にする（**通分**）ために共約する数（量）を見つける。$\frac{1}{6}$は$\frac{1}{2}$と$\frac{2}{3}$を共約する数なので，$\frac{2}{3}=\frac{4}{6}$，$\frac{1}{2}=\frac{3}{6}$として，$\frac{2}{3}+\frac{1}{2}=\frac{4}{6}+\frac{3}{6}=\frac{7}{6}=\frac{6}{6}+\frac{1}{6}=1\frac{1}{6}$となる。

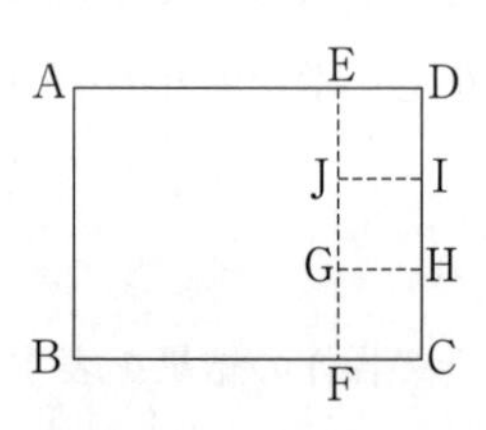


共約する数（量）を見つける方法に，ユークリッドの互除法がある（左図）。縦と横が$\frac{1}{2}$と$\frac{2}{3}$の長さの長方形ABCDをABとAEが重なるように折ると，EFが決定できる。次にCFがCHに重なるように折ると，HGが決定できる。正方形CHGFで長方形CDEFを測ると，ちょうど3つ分になる。このことから，CHが3つ分でCDの長さになるから，CHは$\frac{1}{6}$とわかる。CDの長さはCHが3つ分だから，$\frac{1}{2}=\frac{3}{6}$とわかる。同様にBCとCFの関係から，$\frac{2}{3}=\frac{4}{6}$とわかる。$\frac{1}{6}$は，$\frac{1}{2}$と$\frac{2}{3}$を共約する最大の数（量）である。

### (2)　分数の減法

**①　減法の意味と式**

「$\frac{5}{6}$Lのジュースがあります。そのジュースを$\frac{1}{12}$L飲むと，残りは何Lでしょうか。」は，求残である。だから，ひき算で，$\frac{5}{6}-\frac{1}{12}$となる。

**②　減法の計算**

通分することで，$\frac{5}{6}-\frac{1}{12}=\frac{10}{12}-\frac{1}{12}=\frac{9}{12}=\frac{3}{4}$と計算できる。こ

倍分　約分　既約分数

こで，$\frac{5}{6}$の分母と分子に同じ数をかけて，この場合は２をかけて，$\frac{10}{12}$と書き換えることを**倍分**という。また，$\frac{9}{12}$の分母と分子を同じ数で割って，この場合は３で割って，$\frac{3}{4}$と簡単な分数に書き換えることを**約分**という。$\frac{3}{4}$のように，これ以上約分できない分数を**既約分数**という。

## 6　分数の乗法・除法

### (1)　分数の乗法

#### ①　乗法の意味と式

「１m²あたり$\frac{2}{3}$Ｌまくことになっている肥料を，４m²の花壇にまくには，何Ｌの肥料が必要ですか。」に$\frac{2}{3}\times 4$と，「１m²あたり$\frac{2}{3}$Ｌまくことになっている肥料を，$1\frac{1}{4}$m²の花壇にまくには，何Ｌの肥料が必要ですか。」に$\frac{2}{3}\times 1\frac{1}{4}$と書ける。

#### ②　乗法の筆算

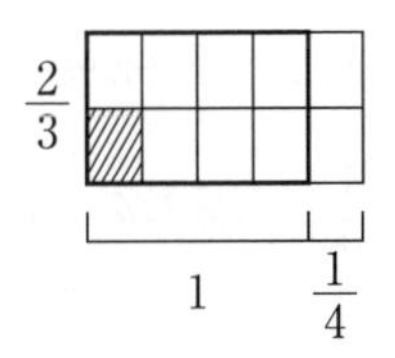


左図から，$\frac{2}{3}\times 1\frac{1}{4}=\frac{2}{3}+\frac{2}{3}\times\frac{1}{4}=\frac{2}{3}+\frac{1}{6}=\frac{5}{6}$と式を変形して積を求めることはできるが，次のように分数の筆算をまとめる。

すなわち，求める積は，斜線部分の10個分である。そして，斜線部分は，$\frac{1}{3}$の４分の１だから，つまり12個で１になるので，$\frac{1}{12}$とわかる。よって，求める積は，$\frac{10}{12}$となる。このとき，５は仮分数に直すことによって現れた数であることに留意して，10は2×5，12は4×3のことだから，$\frac{2}{3}\times 1\frac{1}{4}=\frac{2}{3}\times\frac{5}{4}=\frac{2\times 5}{3\times 4}$と書ける。求める積は，既約分数に直して$\frac{5}{6}$となる。

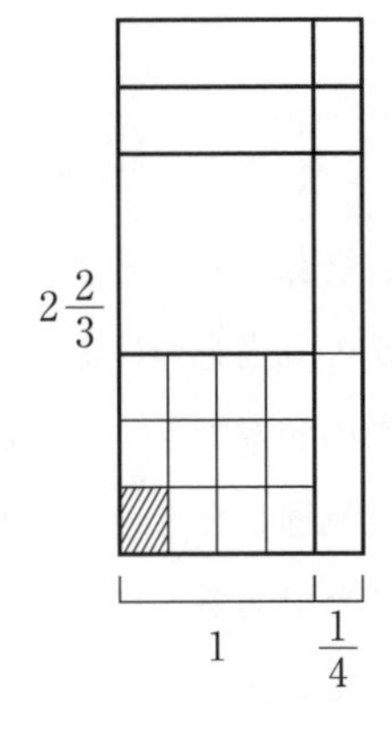


以上を一般化すると，$2\frac{2}{3}\times 1\frac{1}{4}=\frac{8}{3}\times\frac{5}{4}=\frac{8\times 5}{3\times 4}=\frac{10}{3}=3\frac{1}{3}$（左図）。

### (2) 分数の除法

#### ① 除法の意味と式

「$1\frac{1}{4}$m²の花壇に肥料を溶かした水$\frac{2}{3}$Lをどこも同じようにまきます。1平方メートルあたり何Lまくことになりますか。」について，もし2m²の花壇なら$\frac{2}{3}\div 2$となるので，2のところに$1\frac{1}{4}$を入れて，$\frac{2}{3}\div 1\frac{1}{4}$となる。

#### ② 除法の筆算

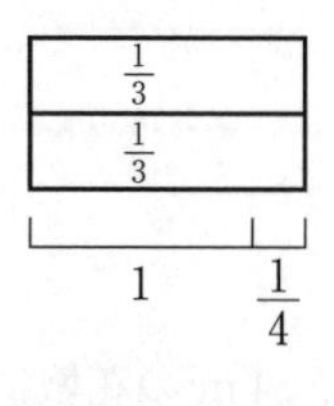


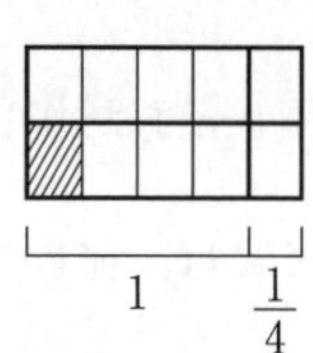


斜線部の5つ分が$\frac{1}{3}$なので（左図），斜線部は，15個分（3×5）で1になるから，$\frac{1}{3\times 5}$である。求める商は，1あたり分だから，斜線部の8個分（2×4）である。したがって，$1\frac{1}{4}=\frac{5}{4}$であることに留意して，$\frac{2}{3}\div 1\frac{1}{4}=\frac{2}{3}\div\frac{5}{4}=\frac{2\times 4}{3\times 5}=\frac{8}{15}$と整理できる。

最後に，乗法と除法の関係について見る。$1\frac{1}{4}$m²を1カダン（新しく決めた単位）とすると，1m²は，1カダンを5等分した4つ分なので，$\frac{4}{5}$カダンとなる。そうすると，「1カダンあたり$\frac{2}{3}$Lまくことになっている肥料を$\frac{4}{5}$カダンにまくには，何Lの肥料が必要ですか。」という問になる。つまり，$\frac{2}{3}\div\frac{5}{4}=\frac{2}{3}\times\frac{4}{5}$と，分数の除法は，逆数をかける乗法になる。

## §4 概数・概算

コンピュータ等の発展により，人間が正確に計算することよりも，コンピュータ等の計算結果が間違っていないかの見当をつけることの方が重要性を増している。したがって，算数の学習でも，単なる計算ではなく，答えの見積りを立てて，つまり見通しをもって問題解決に取り組む態度を育むことは大変重要なことである。

見積りの必要性

**見積り**には，次の4つのものがあるといわれている[7]。

① 計算上の見積り

②　数量感覚に関する見積り

③　数量の妥当性に関する見積り

④　問題場面での判断や評価に関する見積り

このような見積りを用いる具体的な場面の一つとして，概数や概算について学習する場面が挙げられる。**概数**は，数をある必要とする位までの数にまるめたおよその数のことであるが，その使われ方には次の２つの場合がある[8]。

概数のねらい

およその数

①　見積りのために便宜上用いる。

②　本質的に概数しか用いられない。

ある市の人口599,814人をおよそ60万人として扱う場合や，ある球場の入場者が30,861人であったときにおよそ３万人の入場者があったという場合などは①の例である。一方，ある市の人口は５年後にはおよそ70万人になるだろうといった予想値や，測定値を適当な値にまるめて表示する場合などは②の例である。

概数指導のねらい

概数の指導で大切なことをまとめると次のようになろう[9]。

①　見積りに必要な量感を養う。

②　目的に応じた適切な処理をする。

③　概数を活用させるとともにそのよさを感得させる。

したがって，概数の見方や処理の仕方を低学年の段階から取り上げて活用し，そのよさを感得させていくことが望まれる。

四捨五入

概数の取り方には，**切り上げ**，**切り捨て**，**四捨五入**がある。小学校では四捨五入の意味を理解させ，その技能を育成するとともに，そのよさを感得させていく。また，「上から２桁の概数で求めよ」といった問題では，整数値の場合には誤解が生じないが，小数の場合には混乱をきたすので，十分な注意が必要である。

また，数の計算を行うとき，概数で結果を求めたい場合が生じることがある。その場合，それぞれの数量を概数で表してから計算する。このような計算のことを**概算**という。

概算のねらい

概算を行う場合には，はじめに計算結果をどの位までの概数としてまるめるかを判断し，その判断にしたがってそれぞれの数量をどの位までの概数にして計算するかを決める。したがって，概算の指導の際には，その目的を明確にした上で概算の考え方や方法を理解させていくことが大切である。

例えば，ある年の各県の人口からその年の九州・沖縄地区の総人口を求めることを考えると，正確な人口が必要な場合と概数でよい場合とがある。概数でよい場合には，どの位までの概数にするのかを決めて概算をすることになる。さらに，求める位をいろいろと変えてみることにより，どの位までの概数が使いやすいかなど概算のよさや概算の利便性などを気づかせていくことも必要であろう。

また，概算は，計算における結果の見通しを立てるという観点からも意義のあるものであるため，もちろん，わり算における商の見当をつけるときなどに重要であるが，先に述べたように，見積りの能力を育成するためにも重要である。このように，概数や概算は，今日的な課題に対応する重要な内容であることを念頭に置いて指導していかなければならない。

**問題1**　切り捨てや切り上げが用いられる場面を考えよ。

**問題2**　四捨五入した値が0.9であるという場合と0.90であるという場合の違いを調べよ。

**問題3**　ある市の4地区の小学生の人数は8480人，3765人，11486人，6102人である。

①　4地区の小学生全体の人数は約何万何千人か。概数によって求めよ。

②　概数の四捨五入による値への影響を位を変えることにより調べよ。

## §5　数量の関係を表す式

平成29年告示の学習指導要領から数量関係領域がなくなり，それまでにその領域で扱っていた「式の表現と読み」は，数と計算領域で扱うことになった。その内容が「数量の関係を表す式」に当たる。

言語としての式

数学は科学の言語と呼ばれるが，式はその代表的な表現であり，事柄や関係を簡潔，明瞭，的確に，また一般的に表すことができる優れた表現方法である。

式の指導のねらい

式の指導においては，具体的な場面と対応させながら事柄や関係を式に表すことや，式を通して場面などの意味を読み取ること，式と図などの表現と関連づけることなどが大切である。また，式を用いて自分の考えを説明したり，わかりやすく伝え合ったりする活動ができるようにすることも大切である。

式とは，記号を一定の規則(構成規則)で並べた有限な記号列であり，小学校で主として扱う記号には次のようなものがある。

式の構成要素

①　対象記号：０～９の数字，□，△などの図形記号，ローマ字の$a$～$z$やA～Z，円周率$\pi$などの特定の数を表す記号

②　演算記号：四則の記号+，－，×，÷

③　関係記号：=，<，>，≡　など

④　括弧：(　)

これらの記号の内で，“=”は第１学年から導入され，計算の結果を表すという意味から相等関係を表す記号としての意味へと適用範囲が拡張されていく。小学校では前者の意味の方が強いが，中学校への接続も考慮すると，後者の意味も大切にしたい。

また，式の構成規則とは，次のものである。

式の構成規則

①　対象記号はそれだけで式である。(1，□，$x$など)

②　A，Bが式であれば，A，Bを演算記号や関係記号で結んだものは式である。($3+4$，$3+4=7$，$y=2x+4$など)

③　上記の①と②で構成されたものだけが式である。

式の型

関係記号の有無によって，式は２つに分類される。$3+4$，□×△など関係記号を含まないものを**フレーズ型**といい，ある場面での数量に関する事柄を表している。また，$3+4=7$，$2<3$，$y=2x+4$など関係記号を含むものを**センテンス型**といい，ある場面での数量の関係を表している。

次に,式を用いることのよさを式の働きを通してみてみよう。『学習指導要領解説　算数編』では，式の働きとして，次の4つを挙げている[10]。

式の働き

ア　事柄や関係を簡潔，明瞭，的確に，また，一般的に表すことができる。

イ　式の表す具体的な意味を離れて，形式的に処理することができる。

ウ　式から具体的な事柄や関係を読み取ったり，より正確に考察したりすることができる。

エ　自分の思考過程を表現することができ，それを互いに的確に伝え合うことができる。

上記のウとエにみられるように，式の表現や変形(計算)だけでなく，式をコミュニケーションの手段として捉え，そこから思考過程などを読むことも重視されている。

式の読み方として，解説には次のような場合が示されている[11]。

式の読み方

ア　式からそれに対応する具体的な場面を読む。

イ　式の表す事柄や関係を一般化して読む。

ウ　式に当てはまる数の範囲を，例えば，整数から小数へと拡張して，発展的に読む。

エ　式から問題解決などにおける思考過程を読む。

オ　数直線などのモデルと対応させて式を読む。

思考過程を読む

操作的な見方

式は思考過程の表示であり，過程を重視する必要がある。例えば，第１学年の「２人で遊んでいるところに３人来ました」という場面では2＋3＝5と立式し，すぐに結果を求めることが多い。これは「２に３を加えると５になる」という操作を意味しているので，その過程について具体的操作等を通して丁寧に扱う必要がある。

構造的な見方

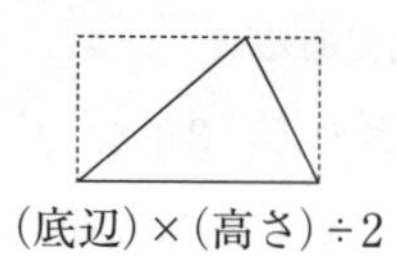

(底辺)×(高さ)÷2

↓

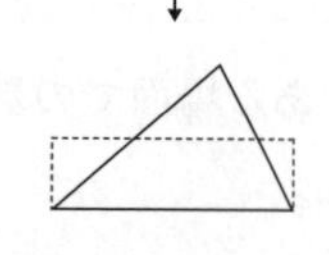

(底辺)×{(高さ)÷2}

その一方で，2＋3＝5の式は「２に３を加えることと５は等しい」という関係も意味している。したがって，立式と計算に終始するのではなく，式を読む活動を通して，関係としての式の見方も育てていきたい。例えば，三角形の面積の求積公式(面積)＝(底辺)×(高さ)÷2を倍積変形で導いた後，上記の公式から，(面積)＝(底辺)×{(高さ)÷2}というように高さが半分の長方形と読み，三角形を長方形に等積変形しても面積を導くことができるということに気づくことが挙げられる。

式の意味の指導

このように，上述の式2＋3＝5は，操作と関係の両者を含む数学的概念を意味している。例えば，上述の例以外にも「みかん２個と３個をあわせると５個になる」などの多くの事象を意味している。このことは，式は具体的な事象としての意味を伴って認識すべきであり，数学的概念もまた同様に認識すべきことを示している。したがって，多くの事例を提供したり，児童に例を作らせたりする指導が重要である。

文字式の素地指導

また，中学校への接続に関連して，第３学年での未知の数量を表す記号として□を用いた式や，第４学年での定量を表す記号及び変量を表す記号として□や△を用いた式の理解に基づいて，第６学年では$a$，$x$などの文字を用いた式を学習する。これ以外にも，小学校においては，一般的な関係を表現するのに，例えば(比較量)÷(基準量)＝(割合)のような言葉の式が用いられる。このように，児童が文字の使用に次第に慣れ，それが一般を表していることに気づかせていくことが大切である。

**問題**　9－2，3×4，18÷3のそれぞれについて，問題場面を３つずつ作れ。

## 引用文献


1）　文部科学省（2018）『小学校学習指導要領(平成29年告示）解説　算数編』，日本文教出版，p.42

2）　同上，pp.42-43.

3）　上掲書１)，p.8.

4）　山口武志（2002）「(４）数と計算の学習指導の実際(数概念の形成)」，植田敦三編，『算数科教育学』，協同出版，p.57

5）　平岡賢治（2009）「第５章　§１　指導内容の概観」，九州算数教育研究会編，『改訂　算数科教育の研究と実践』，日本教育研究センター，p.79

6）　上掲書１)，p.84.

7）　重松敬一（2000）「概数・概算・見積り」，中原忠男編，『算数・数学科重要用語300の基礎知識』，明治図書，p.170

8）　上掲書７)，p.170.

9）　宇田廣文（2009）「第5章§4　概数と概算」，九州算数教育研究会編，『改訂　算数科教育の研究と実践』，日本教育研究センター，p.100

10）　文部科学省（2018）『小学校学習指導要領(平成29年告示）解説　算数編』，日本文教出版，p.48

11）　上掲書10)，p.48.

# 第6章　図　　形

## §1　指導内容の概観

### 1　図形領域の指導

図形領域では，従来から図形領域で指導されていた内容に加えて、量と測定領域で指導されていた角の大きさや，平面図形や立体図形の面積，体積などの計量の内容も，図形の見方・考え方に基づいているという理由により図形領域で指導されることになった。

図形領域のねらいは以下の3つである。それぞれが，育成を目指す資質・能力の「**三つの柱**」に対応している。

図形領域のねらい
↕
資質・能力の三つの柱

ア　基本的な図形や空間の概念について理解し，図形についての豊かな感覚の育成を図るとともに，図形を構成したり，図形の面積や体積を求めたりすること。(知識・技能)

イ　図形を構成する要素とその関係，図形間の関係に着目して，図形の性質，図形の構成の仕方，図形の計量について考察すること。図形の学習を通して，筋道立てた考察の仕方を知り，筋道を立てて説明すること。(思考力・判断力・表現力等)

ウ　図形の機能的な特徴のよさや図形の美しさに気付き，図形の性質を生活や学習に活用しようとする態度を身に付けること。(学びに向かう力，人間性等)

図形領域の
数学的な見方・考え方

図形領域で働かせる数学的な見方・考え方は，次のとおりである。『図形を構成する要素。それらの位置関係や図形間の関係などに着目して捉え，根拠を基に筋道を立てて考えたり，統合的・発展的に考えたりすること』

そして，数学的な見方・考え方を4つに分類すると，図形領域の指導内容は以下のように整理できる。

Ⅰ．図形の概念について理解し，その性質について考察すること

Ⅰ-ⅰ　ものの形に着目して考察する

Ⅰ-ⅱ　図形の構成要素に着目して図形の性質について考察する

Ⅰ-ⅲ　図形の構成要素やそれらの位置関係に着目して図形の性

質について考察する。

Ⅱ．図形の構成の仕方について考察すること

Ⅱ-ⅰ　図形の構成要素に着目して図形の構成の仕方を考察する

Ⅱ-ⅱ　図形間の関係に着目して図形の構成の仕方を考察する

Ⅲ．図形の計量の仕方について考察すること

Ⅲ-ⅰ　図形の構成要素に着目してその大きさを数値化する

Ⅲ-ⅱ　図形の構成要素に着目して計量の仕方を考察する

Ⅳ．図形の性質を日常生活に生かすこと

Ⅳ-ⅰ　図形の性質を生かしてデザインする

Ⅳ-ⅱ　図形の機能的な側面を取り扱う

Ⅳ-ⅲ　図形の性質を利用して測量する

Ⅳ-ⅳ　平面や空間の位置を特定し表現する

## 2　図形領域の指導内容の概観

図形領域の指導内容を概観すると次の表のようになる。

| 学年 | 基本的図形 | 構成要素，計量 | 構成要素，図形の関係 |
|---|---|---|---|
| 第1学年 | 身の回りにあるものの形 | 方向や位置 | 観察，構成，分解<br>形の特徴，ものの位置 |
| 第2学年 | 三角形，四角形<br>正方形，長方形<br>直角三角形<br>箱の形 | 直線<br>直角<br>頂点，辺，面 | 辺の相等<br>直角 |
| 第3学年 | 二等辺三角形<br>正三角形<br>円，球 | 角<br>中心，半径，直径 | 辺の相等<br>角の相等 |
| 第4学年 | 平行四辺形<br>ひし形，台形<br>立方体，直方体 | 対角線，平面<br>角の大きさ<br>正方形，長方形の求積 | 平行，垂直の関係<br>直方体の見取図，展開図<br>ものの位置の表現 |
| 第5学年 | 多角形<br>正多角形<br>角柱，円柱 | 円周<br>底面，側面<br>三角形，平行四辺形，ひし形，台形の求積<br>立方体，直方体の求積 | 合同な図形<br>円周率<br>柱体の見取図，展開図 |
| 第6学年 | | 円の求積<br>角柱，円柱の求積 | 縮図や拡大図<br>対称な図形<br>概形とおよその面積 |

【平面図形】

第1学年
　直観的・全体的

第1学年では，子どもの身の回りにあるものの形を観察，構成することを通して，さんかく，しかく，まるなどの形を見付けることが行われる。ものの形の特徴が直観的・全体的に認識され，図形についての理解の基礎となる経験が豊かになる。またものの方向や位置を，日常用語を用いて表現することができるようにする。

第2学年，第3学年
　分析的・部分的
　構成要素の数・
　相等関係

第2学年からは図形の構成要素に着目して，基本的な図形を分析的・部分的に捉えることになる。まず第2学年では，ものの形についての観察や構成などの活動を通して，図形の辺や頂点の「数」に着目して，三角形，四角形を分析する。また，直角に着目して，三角形の中から直角三角形を類別する。辺の「相等関係」に着目した分析により，四角形の中から正方形や長方形を概念化する。

第3学年では，基本的な図形との関連で角について知り，辺や角の「相等関係」に着目して二等辺三角形や正三角形を概念化する。また円の中心や半径，直径について知ったり，円を構成したりする。

第4学年
　直線の位置関係

第4学年では，平行や垂直などの直線の「位置関係」に着目して、平行四辺形やひし形，台形を概念化する。また四角形の対角線についても知る。

第5学年
　図形相互の関係
　図形の合同

第5学年では，辺の数や長さに着目して，多角形や正多角形の性質を探究する。また，円周率の意味について知る。図形相互の関係概念である合同を理解し，内角の和の性質についても探究する。

第6学年
　縮図と拡大図
　対称な図形

第6学年では，縮図や拡大図の観点から図形を考察する。また点対称や線対称の観点から対称な図形について捉える。

【立体図形】

立体図形については，まず第1学年で身の回りにある立体について観察や構成をした後，第2学年では箱の形について面に着目して観察したり，箱を構成したりする。第3学年では円との関連で球を学習する。そして第4学年では立方体や直方体，および空間におけるものの位置の表し方，第5学年では基本的な角柱や円柱などの立体図形について理解する。見取図や展開図，空間における平行や垂直についてもこの学年で取り扱う。

【図形の計量】

図形の計量については，図形の構成要素に着目して，第4学年では角の大きさ，平面図形における面の大きさ（三角形，平行四辺形等の面積），第5・6学年では立体図形における体の大きさ（立方体や直方体，角柱，円柱の体積）の求め方を探究する。

**問題**　これまでの学習指導要領を比較して，小学校の図形指導の特徴の変容についてまとめよ。

# §2 図形の概念とその構成

## 1 図形の概念

### (1) 図形の認識の発達

小学校の図形指導では，単に図形の名称や性質を知識として知らせるのではなく，子ども自らが図形を認識できるように指導する。

図形指導を，子どもの図形認識の発達過程に合わせて体系化する試みの中で，最も大きな示唆を与えているのが，オランダの数学教育学者**ファン・ヒーレ**(van Hiele)の理論である[1]。

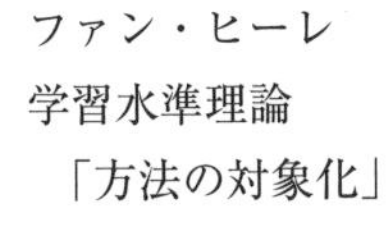


ファン・ヒーレは「方法の対象化」と呼ばれる**学習水準理論**を展開している(表1)。まず身の回りのものを対象として形を認識し，次に形を対象として図形の性質を認識する。そして性質間の関連から命題を認識する。**方法の対象化**とは，考察の方法であったものを，考察の対象に変えることで学習水準を高めていくことである。

小学校の図形指導では第1水準までの認識の発達をねらいとするが，高学年の関係概念の指導は，第2水準の認識を促している。

表1 ファン・ヒーレの学習水準

| 水準 | 第0水準 | 第1水準 | 第2水準 | 第3水準 | 第4水準 |
|---|---|---|---|---|---|
| 対象 | 身の回りのもの | 形 | 性質 | 命題 | 論理 |
| 方法 | 形 | 性質 | 命題 | 論理 | |

### (2) 図形の概念

我々の身の回りには自然界のものや，人工的に作られた道具など様々なものが存在している。これら一見関連づけられないものの中にも，形に注目すれば同じ仲間と考えられるものがある。例えば夜空に浮かぶ満月や雨粒の波紋，マンホールのふたなどから「円」の形が際だってくる。ものの形に注目し，図形の概念を形成するためには，抽象化と理想化という2つの考え方が必要である。

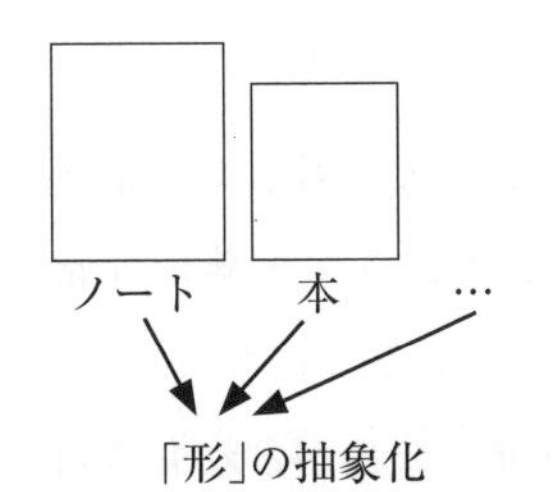


形の抽象化とは，ものの様々な属性の中から形という属性のみを抽象し，他の属性(素材，色，大きさ，位置，機能など)はすべて捨象することである。同じ形をもつ様々なものを見る，触れるといった活動により，共通した属性(形)を直観的に見つけだすことができる。また，違う形の図形と比較することで形の違いを明確にし，図形の概念の深化を図ることができる。

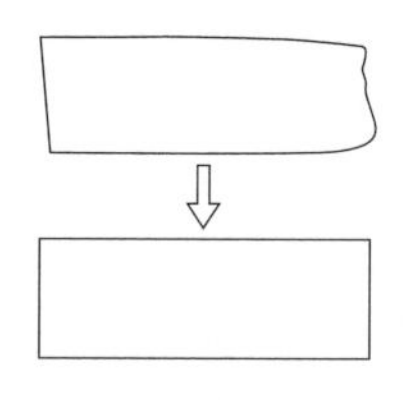

形のみに注目してものを見る場合に，面の凸凹や直線の歪み，頂点の丸みなどは無視して図形の形のみを理想化することも必要である。例えば，表面が凸凹で角も丸みを帯びている机の天板を長方形と見るためには，直線や直角を理想化して捉えなければならない。

## 2 図形概念と用語

図形の学習では考察の対象は図形の概念であるが，考察を進めるために，その概念を表現する言葉が必要になる。図形の概念を言語的に表現したものが図形を表す用語や定義，性質である[2)]。

日常用語
さんかく，しかく，
まる，…
↓
数学用語
三角形，四角形，
円，…

### (1) 日常用語と数学用語

小学校第１学年では「さんかく」「しかく」「まる」などの言葉を用いて図形の学習を進める。これらの言葉は我々が日頃おにぎりや本，月などの形の直観的認識を「まるい」などと形容詞的に表現するときに用いる日常用語である。

第２学年からは「三角形」「四角形」などの数学用語を日常用語とは区別して用いていく。「かど」のまるい「さんかく」は，図形概念ではないために，三角形とは呼べないことになる。第２学年以降の図形の学習では，数学用語を用いることを徹底する必要がある。

用語の成長
用語の数の増加
情報量の増加
関連性の整理

### (2) 用語の「成長」

図形の概念の理解が深まると，用語自体も「成長」する。

第１に，用語の数が増加する。例えば構成要素による四角形の分析が進むと，正方形や長方形，台形などの新たな用語が必要になる。

第２に，用語が含む情報量が増加する。例えば「長方形」には，辺の長さや平行性，対角線の性質などの情報が付加されていく。

第３に，概念の関連性に着目して用語が整理される。例えば個別的に扱われていた正方形と長方形は，包摂関係で関連づけられる。

## 3 図形の定義，性質

用語「Q」
図形概念の名称
定義「ＰをＱという」
用語の意味

用語が個々の図形概念につけられた名称であるのに対して，定義はその用語の意味を明らかにするための命題である。定義は通常「ＰをＱという」という形で述べられ，「ＰならばＱかつＱならばＰ」という意味を示している。例えば長方形は「４つの角がどれも直角の四角形を長方形といいます」と定義されている。基本的な図形の定義は，図形の構成要素に着目した分析に基づいて導かれる。図形指導は，様々な図形の概念を定義し，論理的につなぐことで体系的に展開される。

図形の構成要素
辺の相等性
角の相等性
辺の平行性
対角線の交わり方
対称性

図形の性質は，図形の属性の論理的な考察により捉えられる。小学校の段階では属性は並列的に認識される。例えば「長方形」を説明する場合，「角がどれも直角で，２組の対辺が平行で長さが等しく，…」と性質が列挙される。中学校では，属性間の論理的な関係が理解されるようになるが，小学校では論理的関係には深入りしない。

## 4　図とイメージ

### (1)　図による表現

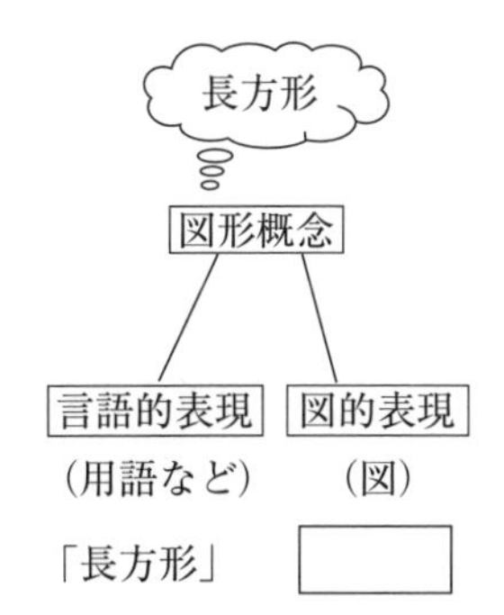


**図形概念**は用語や定義といった言語により表現されるだけではなく，言語的表現と図的表現の２種類の方法で表現される。例えば長方形は「長方形」という名称で表されるとともに図でも表される。

図形概念を表す図には次に示すような特性がある[3)]。

・空間性：形，大きさ，位置，方向などの空間的特性を表現する
・視覚性：抽象的な図形概念を具体的に視覚化する
・全体性：空間的特性や様々な属性を同時的全体像として表現する
・典型性：図形概念の傾向性を最も典型的に反映する
・一般性：１つの図を通して条件を満たすすべての図を対象とする

図形指導において，図的表現と言語的表現をうまく関連づけることで図形概念を形成していく。例えばいくつかの長方形の図を対象として考察を進め，長方形の概念が形成されると「長方形」という名称を与えられる。するとそれ以後は「長方形」という言葉を聞くだけで長方形の形が浮かぶようになる。

### (2)　図形のイメージ

図形のイメージ
↑ 統合
図形に関する映像，感触，印象，様々な属性

具体的な対象が目の前になくても図形を思い描くことができるのは，**図形のイメージ**があるからである。例えば長方形の定義が書けない人でも，長方形の形をイメージし，図をかくことができる。

図形のイメージは，対象となっている図形との関連で得られたすべての映像や感触，印象などの，その図形に関連する様々な属性をすべて統合することにより形成される個人的な心的創造物である。

したがって，例えば長方形のイメージには，「２組の対辺の長さが等しい」などの数学的な属性に加えて，「細長い」などの個人的に知覚されている印象なども含まれる。

図の視覚的影響
・正方形は直立
・ひし形は対角線が垂直・水平方向
・平行四辺形は１つの対辺が水平方向

図形のイメージは図の見え方などの視覚的な要因により大きな影響を受ける。図１は，合同な正方形とひし形を異なる位置に置いた図形を示している。右上の図形はひし形，右下の図形は平行四辺形と認識されやすい。

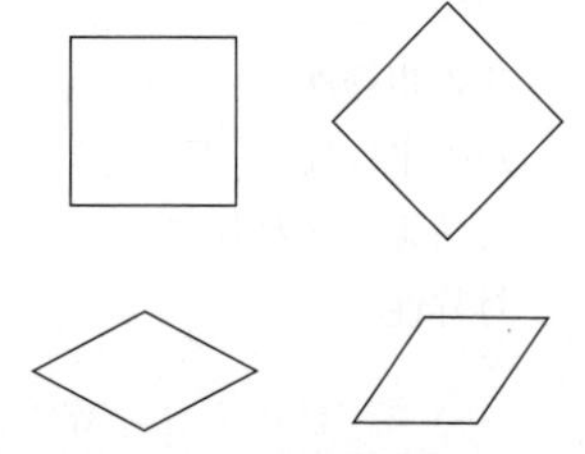

図１　イメージの視覚的影響

教科書や授業で目にする図形は，その典型的な位置で示されていることが多い。視覚的な影響による偏った図形のイメージを形成しないためには，様々な形，大きさ，位置の図を提示する必要がある。

## 5　図形の操作

### (1)　操作の意味

図形領域において操作は有効な学習方法である。作業の進行のために手段を選び，計画を立てなければならない。作業が思考を生み，思考が次の作業を導き，さらに新たな思考を生む。操作とはこのように作業の進行が思考の進行を誘発するものであると捉えられる。

操作の意義
概念・性質の理解
洞察力の向上
論証力の育成

### (2)　操作の意義

図形指導における**操作の意義**としては次の３つがあげられる。

①　図形についての概念や性質が理解しやすくなる。

図形を操作することで辺や角などの構成要素に着目しやすくなり，図形の性質の理解が促される。例えば実際に長方形の紙を折ることにより対辺の相等性を理解することができる。

②　図形に対する洞察力を高めることができる。

具体物に対する操作を続けると，その操作が念頭でできるようになり，図形に関する洞察力が伸びる。例えば円形の紙を半分に折る操作を続けると，円を見るだけで直径や中心がわかるようになる。

③　図形についての論証力を育成することができる。

図形の性質を調べる操作は，性質の説明方法を示唆している。

操作
{変換(数学的変換)
操作的活動

### (3) 操作の種類

図形指導における操作には変換と操作的活動の2つの面がある。

① **変換(数学的変換)**

一般に図形を他の位置に移動することを**変換**と呼ぶ。小学校の図形指導で扱われる変換は合同変換と相似変換である。

合同変換(移動)
平行・回転・対称

合同変換には平行移動(ずらす)，回転移動(まわす)，対称移動(うらがえす)の3種類がある。これら3種類の移動を組み合わせると，図形は平面上のどんな位置にでも移すことができる。

操作的活動
{観察
作製
構成
実験・実測
作図

② **操作的活動**

**操作的活動**と呼ばれている活動には以下のものがある。

ア　観察

見る：具体物や図形を見ることは，図形の全体的イメージを形成することと，念頭操作による分析力を育成することなどに役立つ。

触れる：手で図形に触れることにより，平面は平らであることや，円には角がないことなどを実感することができる。

動かす：数学的変換を主とした活動である。変換以外にも例えば円盤が転がりやすいことに気づくといった活動も考えられる。

イ　作製

作る：様々な活動が考えられる。例えば正方形を用いて立方体を作る活動を通して，項点や辺，面の数を捉えることなどがある。

壊す：立方体の辺の部分を切り開き展開図を作ることなどがある。

折る：折り紙を折って様々な図形を作ること，さらにその折り目に注目して，例えば直角の作り方を検討することなどがある。

切る：三角形の角を切って内角の和を調べることなどがある。

ウ　構成

並べる：色板並べやタングラムを用いた形作りなどの活動がある。

敷き詰める：形も大きさも同じ図形を用いて平面を敷き詰める活動により，図形についての様々な性質が導き出される。

構成する：図形板(geoboard)による図形の構成などがある。

エ　実験・実測

測定する：長さ，面積，体積などを実際に測定することである。

オ　作図

作図する：定規とコンパスを用いて図形をかくことで，例えば円の中心と円周の関係がわかる。

図形の操作については，図形の学習の効果が最大になるように，適切な操作を適切な場面で実施するように心がけたい。

**問題1** 小学校で指導される基本的な図形の名称とその定義と性質を学年ごとにまとめよ。
**問題2** 図形の認識における図形のイメージの影響について検討せよ。

# §3　平面図形

図形指導の目的の１つは図形の概念形成をすることである。図形を弁別でき，性質や特徴を言葉で表現できれば概念が一応獲得されたと言われるが，それで終わりにせず，概念を豊かにすることを目指した指導が大切となる。すなわち，それぞれの図形について多くの性質を知り，明確なイメージをもつことで，図形を複数の観点から見ることができ，様々な場面で活用できるようにするのである。概念を豊かにするために，小学校のそれぞれの学年では図形を考察する観点が定められており，その観点に合った図形が学習内容として位置づけられている。

そこで，各学年の学習内容について詳しくみていく。

## 1　低学年の学習内容

１年生：ものの形

１年生では図形の学習の準備として，**ものの形**に着目して考察することで，色や大きさ，位置などを捨象し，形を抽象する。ここでは，箱や缶などの身近にある立体を「箱の形」や「つつの形」と捉えることが行われる。一方で，上の学年では三角形や四角形の学習が主となるため，平面図形の学習につながるように，立体を構成する平面図形にも着目し，「さんかく」「しかく」「まる」などの形を捉えてその特徴を調べていくようにすることも大切となる。その際には，積み上げやすい立体は横から見ると「しかく」に見えるといったように，立体の機能と関連させて形を捉えるよさを感じさせたい。

２年生：直角

２年生では，着目するものが形から図形に変わり，三角形，四角形を学習して考察対象が数学的になる。形に着目する際には，上底が極端に短い台形を「しかく」とみなさず「さんかく」とみなしてもよかったが，図形になるとそのようなことは許されなくなる。

この学年での図形を考察する観点は**直角**である。そのため，直角をもつ図形である正方形，長方形，直角三角形について学習する。直角とは平面を4等分した形のことである。角度を未習のため，直角とは90°のことであると説明できないので注意が必要である。

1年生で立体を構成する面を「しかく」と捉えたことから四角形の学習は始まった。そして，「しかく」は四角形となり，正方形や長方形について学習した。このため，2年生では学習した内容に基づいて立体を考察し直せるように，正方形や長方形で構成される立体も扱う。図形の学習は，身の回りにある立体の考察から始まり，そこに平面図形を見出してそれについて学習し，学習したことを基に立体を考察し直して理解を深めるという流れで進めるのがよい。

## 2　中学年の学習内容

3年生：辺の相等
角の相等

3年生では辺の長さや角の大きさの相等を観点とする。観点が図形の構成要素ではなく，**相等関係**という構成要素間の関係となるため，学習内容はこれまでよりも高度となる。角とは一つの頂点から出る2本の辺がつくる形のことであり，相変わらず角度を未習のため，角の相等や大小は角を重ねることで調べ，判断する。

辺や角の相等関係に着目することから，扱う図形は二等辺三角形，正三角形，円，球である。これらの図形はバラバラに指導するのではなく，可能な限り関連付けて扱いたい。例えば，円と球は平面図形と立体図形といった違いはあるが，中心から等距離にある点の集合と見なせば同じものとなる。直径を軸として円を回転させると球ができるのはこのためである。また，二等辺三角形の作図で円を用いることもできる。円は半径がいつでも等しいので，左図のように半径が等辺となるように作図すれば二等辺三角形を作図できる。さらに，底辺も等しくすれば正三角形も作図できる。こうして作図を考えれば，二等辺三角形の作図法で正三角形を作図できることから，二等辺三角形と正三角形の相互関係に気づかせることができる。

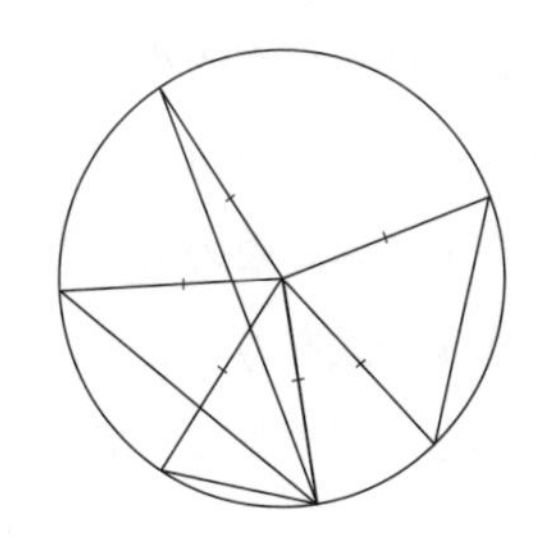

学習する図形を関連付けることは既習の内容でも可能である。2年生で直角三角形を扱う理由の一つは長方形を対角線で分割した図形だからである。すると，一緒に学習する正方形も対角線で分割することを考えるのが自然であろう。正方形を分割してできる三角形は直角をもつので直角三角形であり，同時に，3年生の観点である辺の長さの相等に着目すると，2辺の長さが等しいので二等辺三角

形でもある。こうして長方形と正方形を関連付ければ，３年生で直角二等辺三角形を扱うことが可能となる。このように，新しい観点で既習の図形を見直すことは，図形の概念を豊かにすることにつながる。他にも正方形と長方形を辺の相等関係に着目して見直すと，正方形は４辺が等しく，長方形は２組の向かい合う２辺が等しい。ならば，２組の隣り合う２辺が等しい四角形もあるのではないかと考えると，たこ形ができる。たこ形は小学校で学習しないが，６年生で学習する線対称な図形の１つであり，中学校で学習する作図でも活用されるので，できれば扱いたい図形である。

このように，上の学年の観点で下の学年で学習した図形を見直せば，既習の図形について新しい性質や特徴を見出すことができるだけでなく，さらに多くの図形を扱うことも可能となる。この後の学年の観点や内容については，各自で教材研究を行い，様々な可能性を検討するとよいであろう。

４年生：平行・垂直

次の４年生では構成要素間の位置関係である**平行**と**垂直**が図形を考察する観点である。そのため，平面図形では平行四辺形，ひし形，台形について学習する。

対角線

実は，４年生では観点となりうるものがもう一つある。それは**対角線**である。四角形の対角線を学習することは上の学年での図形の学習の素地となる。例えば，２年生で長方形を対角線で分割すると２つの直角三角形になることを扱っている。その２つの直角三角形は合同で，点対称の位置にある。平行四辺形も対角線で分割すると２つの一般三角形ができ，同じことがいえる。ひし形は合同な二等辺三角形に分割され，２つの二等辺三角形の位置関係は点対称とも線対称とも解釈できる。さらに，これらの図形を２本の対角線で４つの三角形に分割すればより多様な事柄が見えてくる。このような見方は，四角形の相互関係を示唆し，図形の求積公式を導くときに役立つものである。こうして多様な観点で図形を考察することで概念を豊かにしていくのである。

立方体と直方体

また，立体図形として**立方体**と**直方体**について学習する。２年生では正方形や長方形で構成される立体について構成要素（頂点，辺，角）に着目して考察しているため，４年生では辺と辺，辺と面，面と面の平行や垂直といった位置関係に着目して考察することになる。立体図形は３次元のものであるので，模型や具体物を用いて指導することが大切である。しかし，模型などがいつでも手元にあるわけではないので，最終的には平面上に表現された見取図や展開図のみで立体図形を考察できるようにしたい。そのためには，模型や具体物で考察した過程や結果が見取図や展開図でどのように表現されるかを常に確かめる機会を設けることが大切となる。

## 3　高学年の学習内容

5年生：合同

5年生の観点は**合同**である。この学年からは図形間の関係が観点となり，学習内容がさらに高度になる。観点が合同ということで図形の決定について考え，三角形の決定(合同)条件を学習する。しかし，三角形の決定条件だけを扱うと，なぜそのような条件を学習するのかという必要性がわかりづらい。そこで，作図の学習を振り返り，様々な図形の決定条件を考えるとよい。つまり，どれだけの条件がわかれば合同な図形を作図できるかを考えるのである。

図形の決定条件

例えば，円は半径の長さのみで図形を決定できる。正方形も1辺の長さのみで決定できる。これらは1つの条件だけで形と大きさが決まる。長方形を決定するには2辺の長さが必要であり，ひし形は1辺の長さと1つの角の大きさが必要である。そして，平行四辺形は2辺の長さと1つの角の大きさが必要になる。これらの決定条件は一例であるので他の条件でもよい場合もあるが，このように見てくると，一般的な四角形になるほど図形の決定に必要な条件が増えていくことがわかる。では，三角形ではどうかと考えると，正三角形や直角二等辺三角形は1辺の長さのみで決定する。直角三角形は2辺の長さで決定する。二等辺三角形は等辺と底辺，等辺と頂角など2つの条件が必要となる。そして，このように一般化しつつ既習の図形の決定条件について考えていくと，一般の三角形の決定条件についても知りたくなるので5年生で学習するのである。四角形の決定条件も軽くならば扱ってもよいであろう。様々な図形の決定条件について考えれば，図形の決定について深く理解できるだけでなく，これまでに学習した多くの図形を見直すことにもなるので概念を豊かにすることにつながる。

円と正多角形

また，5年生では**円**について考察し円周率を学習することから，それとの関連で**正多角形**も扱う。例えば，円に外接する正方形と内接する正六角形より円周の長さは直径の3倍よりも長くて4倍よりも短いことがわかる。また，円に接する正$n$角形について考え，$n$が大きくなればなるほど円に近づくことを知れば，円の面積の学習にもつながる。

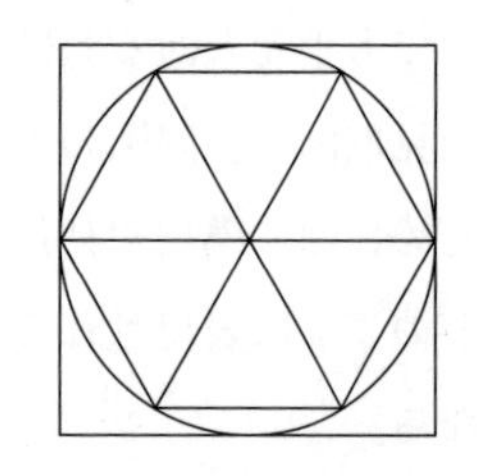

6年生：対称な図形
縮図・拡大図

最終学年である6年生の観点は2つあり，**対称な図形**と**縮図・拡大図**である。6年生では新しい図形が出てくることはないので，これらの観点で既習の図形を見直す学習が主となる。例えば，先程の正多角形を対称な図形として見直すと，正偶数角形は線対称かつ点対称な図形であり正奇数角形は線対称であるといった違いが見えてくる。また，正多角形はいつも相似であるので，縮図・拡大図といった観点で見直すことも大切である。このようにきれいに見える図形の特徴を2つの観点から捉え直すのである。

他にも，対称な図形の素地は，二等辺三角形や四角形の対角線に関する内容などに見られる。例えば，二等辺三角形を2つに折ると合同な直角三角形ができる。また，長方形も対角線で分割すると2つの合同な直角三角形ができる。これらは合同な直角三角形ができるという意味では同じものだが，合同な三角形の重ね合わせ方が違っている。6年生ではそのような違いを線対称や点対称という用語を使って説明できるようになるので，既習の図形についての概念をさらに豊かにできる。

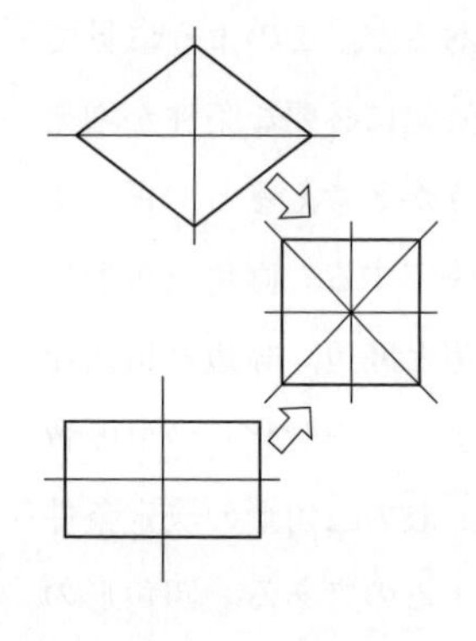

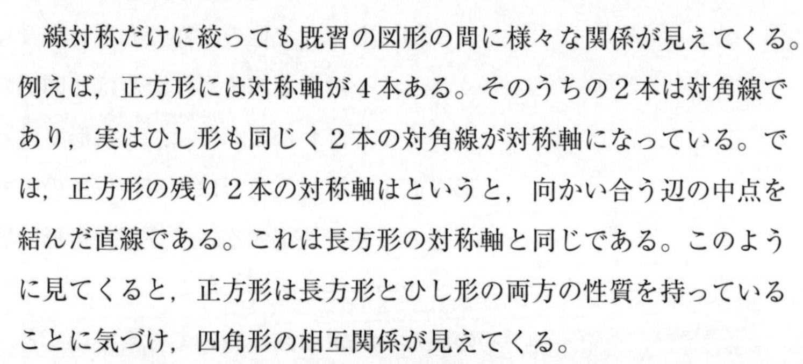

線対称だけに絞っても既習の図形の間に様々な関係が見えてくる。例えば，正方形には対称軸が4本ある。そのうちの2本は対角線であり，実はひし形も同じく2本の対角線が対称軸になっている。では，正方形の残り2本の対称軸はというと，向かい合う辺の中点を結んだ直線である。これは長方形の対称軸と同じである。このように見てくると，正方形は長方形とひし形の両方の性質を持っていることに気づけ，四角形の相互関係が見えてくる。

次に，縮図・拡大図，つまり相似な図形という観点で既習の図形を見直すことについて考える。図形の形のみに着目する相似は，図形の形と大きさに着目する合同を発展させたものであるので，図形の決定条件がその素地となる。先程決定条件を考えた様々な図形の中で1辺の長さだけで決定するものがあった。円，正方形，正三角形，直角二等辺三角形がそうである。1辺の長さのみで形と大きさが決定する理由は，これらの図形がいつも相似な図形だからである。このように縮図・拡大図という観点で決定条件を見直すと，他の図形はいつも相似ではないこともわかるため，相似になるためにはどのような条件が必要かを考えてもよいであろう。その発展が中学校で学習する一般三角形の相似条件である。その学習につながるように，小学校では様々な図形の縮図や拡大図を描き，観察してその特徴について考察するのである。

## 4　図形領域の授業展開の仕方

上で見てきたように，図形領域では，学年間で学習内容が多様に関連しているため，その学習過程も類似することが多い。

合同な図形の学習

例えば，５年生で学習する合同な図形では，まず，合同な図形はどのような特徴をもっているのかということで，低学年から行ってきている「移動させて重ねる」といった具体的な操作と関連付けて，ぴったり重なるものを合同というと定義する。そして，いつでも動かして重ねられるとは限らないことから，重ねるという具体的な操作を行わずとも，対応する辺や角の相等から図形の合同を判断することを考える。つまり，図形の構成要素に着目し，対応する辺の長さや角の大きさが等しいという性質を見いだして，その性質から合同かどうかを判断できるようにする。そのうえで，合同かどうかを判断する際に，すべての辺の長さと角の大きさを調べるのは大変だということで，もっと能率的な方法はないかと考えて，図形の決定条件を導く。つまり，思考の節約を図ろうと考え，図形の構成要素のうちどの要素が定まれば図形が一つに決定するかを調べるのである。そうして図形の決定条件が導かれれば，それに基づくことで合同かどうかを能率的に判断でき，また，作図も行えるようになる。

このように，合同な図形の学習は，①操作を用いて定義する，②操作せずに判断するために性質を見いだす，③判断を能率化するといった過程で進む。

線対称な図形の学習

そのような学習過程を子どもが理解できていれば，６年生の「線対称な図形」の学習を同じ流れで進めることができる。例えば，線対称な図形は１本の直線を折り目として折ったとき，ぴったりと重なる図形というように定義する。そして，折るという操作をせずとも線対称な図形かどうかを判断できるようにするために，対応する辺の長さや角の大きさが等しいことを見いだす。そのうえで，もっと能率的に判断できないかを考え，対応する２点を結ぶ直線は対称の軸と垂直に交わる，その交わる点から対応する点までの長さが等しいといった性質を導き出し，その性質を用いて線対称な図形の判断や作図を行う。

このように，合同な図形の学習過程と線対称な図形の学習過程は類似している。このため，合同な図形の学習を想起させ，この学習過程の類似を活用すれば，「折らずに判断することを考えたいな」や「すべての辺の長さや角の大きさを調べるのは面倒だ。今回も能率化できるかな」と子どもに発想させることができる。そうして類推的に考えるべき問題や事柄が明らかになれば，子どもが問題発見を行えるので，学習を主体的に進めることが可能となる。

点対称な図形の学習

また，合同な図形を学習してから時間がたって学習過程を忘れており，そのような学習が難しい子どもに対しても，線対称な図形の学習後に，学習過程を振り返って合同な図形の学習過程と類似することに気づかせれば，続けて学習する「点対称な図形」の学習を子どもが主体的に進めることが可能となる。教科書をよく見てみると，点対称な図形も，①操作を用いて定義する，②操作せずに判断するために性質を見いだす，③判断を能率化するといった流れで学習を進められる。

縮図・拡大図の学習

さらに，このような学習過程の類似に気づけていれば，「縮図・拡大図」の学習も主体的に進めることができる。まずは，形を変えないように小さくすることを縮小，大きくすることを拡大とし，縮小，拡大した図形を縮図，拡大図というと定義する。すると，次に考える事柄は，縮小，拡大といった操作をせずに形が等しいかどうかを判断する方法だと子どもは発想するはずである。その結果，対応する辺の長さの比が等しい，対応する角の大きさが等しいといった性質が発見され，それを用いれば判断できることが見いだされる。そのうえで，もっと能率的に判断や作図をしたいと考えれば，図形の相似条件について考えるような発展的な学習も可能となる。また，能率的な作図法を考え，一つの頂点に集まる辺や対角線の長さの比を一定にしてかくような相似の位置を活用した作図方法をみつけることにもつながる。

このように，学習過程の類似を活用すれば，新しい学習内容について考えるべき問題や事柄が明らかとなるため，子どもの主体的，発展的な活動を中心として授業を進めていくことが可能となる。

## 5 学習した図形で身の回りのものを見直す

図形指導は算数の世界だけで留まっていることが多いため，学習した図形で身の回りのものの形を捉えることで，学習したよさを実感する活動を取り入れることが大切である。新しいことを学習するたびに，身の回りのものを形から捉え，その形を学習した図形で見直し，その機能について考察する活動を行うのである。

例えば，スーパーのカゴやそれを載せるカートは直方体ではない。台形の面が存在する。これは重ねて置けるようにするためである。同じく紙コップが円柱ではなく，横から見ると台形になっているのも，重ねることでスペースの無駄を省くためである。そのような目で身の回りのものを見ると様々な発見がある。例えば，工事現場に置かれたコーンがもし円柱だったらどうであろうか。重ねて持ち運ぶことができないうえに，倒れると路上を転がって行ってしまう。このように考えてみると円錐である理由が見えてくる。他にも，マンホールの蓋が円，ボタンが円，鉛筆が六角形である理由を考えるなど身の回りのものを見直す活動を大切にしたい。

**問題1**　二等辺三角形と正三角形の作図法の関係を参考にし，平行四辺形，ひし形，長方形，正方形の作図法の関係について考えよ。また，その作図法で作図された図形が正しいことをどのように確かめるかを考えよ。

**問題2**　対角線の性質に着目して，次の四角形の包摂関係や相互関係を整理せよ。
台形，等脚台形，長方形，たこ形，ひし形，正方形，平行四辺形

正方形での敷き詰め

**問題3**　1つの図形で平面を敷き詰めていくことを考える。下の図形での敷き詰めを考えるとき，どの図形から考えていけば，子どもが敷き詰めを考えやすくなりますか。図形を考える順番に並べよ。また，その順番が考えやすい理由を説明せよ。
正方形，長方形，ひし形，平行四辺形，台形，一般四角形，正三角形，直角二等辺三角形，直角三角形，二等辺三角形，一般三角形

# §4　立体図形

## 1　空間観念の育成

図形指導の目的の１つに空間観念の育成がある。

空間観念と空間概念

**空間観念**とはどのようなものであろうか。空間観念と似た言葉に**空間概念**がある。空間概念は，空間観念の一部であり，立体図形について筋道を立てて論理的な考察をする場合に基になるもので，何らかの判断をしたり，推論によって新しい事柄を導いたりする際に用いられるものである。これに対して，空間観念は，空間概念という論理的な面に加えて，空間やそこにおける図形を想像し頭の中で操作するといった直観を用いた面からのアプローチも行う際に用いられるものである。このため，空間観念には，空間について論理的に捉えることと，空間における図形やその位置関係を想像し，把握することの２つが含まれる。

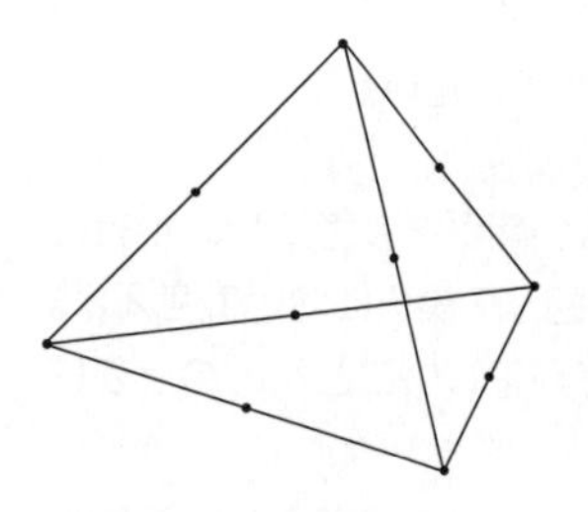

立体図形について学習する授業では，その性質や特徴についての理解が主となる傾向にあり，空間概念の側面が強い。このため，空間観念を育成するには，直観を働かせ立体を想像する活動を取り入れることが大切となる。すなわち，空間における図形を頭の中に思い浮かべること，それを分解，合成したり移動したりする操作を頭の中で行うこと，操作した結果を想像することなどを通して，性質，関係や本質を把握する活動を取り入れるのである。

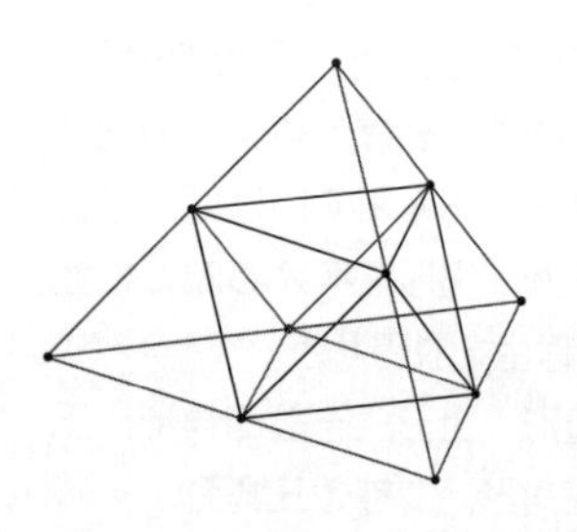

例えば，一辺の長さが１の正四面体(小)だけで一辺の長さが２の正四面体（大）を構成することを考えてみよう。論理的に考えると，相似比が１：２の立体であるので体積比はその３乗の１：８となることから，８個の正四面体(小)で構成できそうである。しかし，正四面体(小)だけで構成しようとすると内部に正八面体ができるために構成できない。このことを想像できるであろうか。

立体図形の性質や関係は模型や具体物を用いるとよくわかるけれども，空間観念を育成するのであれば，模型や具体物を用いた説明の前後で想像する時間をとりたい。例えば，説明前にどうなるかを想像させたうえでそれを模型で確かめたり，説明後に具体物で行ったことを頭の中で想像し直したりするのである。

## 2 立体図形の学習内容

立体図形の学習内容は平面図形ほど系統的に各学年に配置されるわけではない。そのため，学習内容のつながりを理解して指導したり内容を補充したりすることが大切となる。

位置に関すること

まず位置に関することとして，1年生で上下，前後，左右といった1次元での位置関係を学習する。平面（2次元）上にあるものの位置を2つの要素で，空間（3次元）の中にあるものの位置を3つの要素で特定することは4年生で扱われる。2年生や3年生では，その間をつなげるように，長方形や正三角形などで平面をしきつめる活動を行い，平面の広がりを感じさせるようにする。また，4年生で直方体や立方体を学習すれば，それらで空間を埋める活動も行い，空間が3方向に広がっていることを感じさせてもよいであろう。

立体図形

次に立体図形としては，3年生で**球**が，4年生で**立方体**と**直方体**が，5年生で**角柱**と**円柱**が扱われる。角柱は平面だけで囲まれ，球は曲面だけで囲まれ，円柱は平面と曲面で囲まれている立体の中で，それぞれ最も単純な立体である。このように，学習する立体図形は基本的なものに限られている。一方で，子どもにとって身近で親しみ深いものが選ばれているとも考えられる。また，直方体は辺や面といった構成要素間に平行や垂直といった関係をもっているため，空間における辺と辺，辺と面，面と面の平行，垂直関係について考察する題材として適している。また，立方体は立体の体積について考える際に基本となる立体である。

このように，学習内容にはそれぞれに背景があるため，それぞれの立体図形を学習する意味や必要性をしっかりと理解したうえで，それらの学習を通して空間観念が育成されるように指導していくことが大切となる。

**問題1** 6年生では学習内容として新しい立体図形が出てこない。もし6年生で新しい立体図形について指導するとすれば，どのような立体を選ぶかを考えよ。

**問題2** 立方体の展開図は11種類ある。すべての場合をかけ。また，直方体の展開図は何種類あるかを考えよ。

# §5　図形の計量

## 1　図形の面積

広さ，長さ，かさ，重さなどの比較や測定の学習を踏まえ，単位や図形を構成する要素に着目して面積の求め方について指導する。長さや重さなどは，何かしらの道具を用いて測定するが，面積は，辺の長さなどを用いた計算によって求める。その求め方として，公式を導いていく。

### (1)　正方形・長方形の面積

単位となる大きさ
数値化

**面積**は，単位となる大きさを設定し，そのいくつ分として数値化される。例えば，A4の紙を縦に２枚，横に３枚並べると，紙の枚数は，(縦の枚数)×(横の枚数)＝2×3＝6枚となる。すると，A4の紙６枚分の大きさの面積となる。このように，単位となる大きさのいくつ分を考えることが基本である。

一辺が１cmの正方形
の個数

単位となる大きさを一辺が１cmの正方形とすると，この正方形のいくつ分かを調べればよい。例えば，縦が２cmで横が３cmの長方形の面積を求める場合，その長方形を一辺が１cmの正方形でいくつかに分け，その個数を数えればよい。

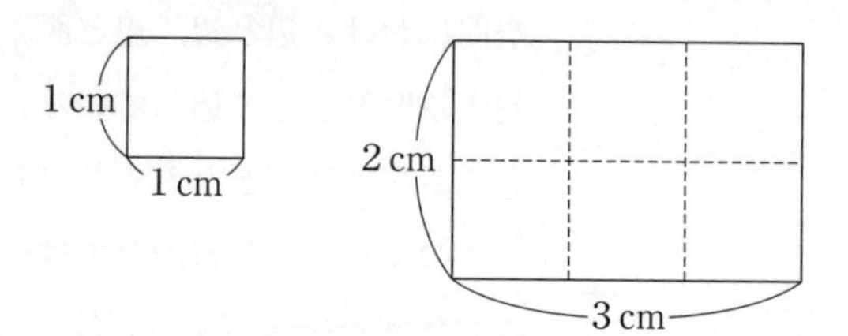


分けた後には，一辺が１cmの正方形が縦に2個，横に３個並ぶので，正方形の個数は，(縦の個数)×(横の個数)＝2×3＝６個である。長方形の面積は，この正方形の６個分の大きさとわかるので，計算すると $1\,\text{cm}^2 \times 6 = 6\,\text{cm}^2$ となる。縦と横の一辺が１cmの正方形の個数は，縦と横の長さに対応して決まる。そのため，長方形の面積を，(縦の長さ)×(横の長さ)＝ $2\,\text{cm} \times 3\,\text{cm} = 6\,\text{cm}^2$ と計算しても差し支えない。このように，(長方形の面積)＝(縦)×(横)（または(横)×(縦)）という公式に繋がっていく。なお，正方形は，縦と横の長さが等しいので，(正方形の面積)＝(１辺)×(１辺)になる。

正方形・長方形の面積の求め方は，単位となる大きさのいくつ分を考えることが基本である。それを踏まえることで，公式を作り出したり，L字型や凹字型の図形の面積を計算によって求める方法を考えることに繋がる。

### (2) 平面図形の面積

倍積変形

等積変形

分割

児童が工夫して面積を計算によって求めるためには，求積が可能な図形になるように，**倍積変形**する考え，**等積変形**する考え，分割する考えなどを基にして，既習の正方形や長方形あるいは三角形に帰着し，考えたり，説明したりすることが重要である。

#### ① 三角形の面積

三角形の面積を求めるために，倍積変形によって三角形を長方形にする。三角形のある頂点から対辺に垂線を下ろすと，２つの直角三角形ができる。それぞれの直角三角形の斜辺側にできた直角三角形をおくと長方形ができる。

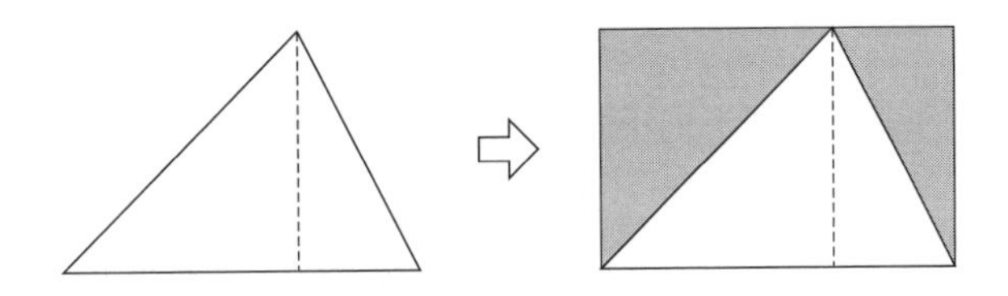

底辺と高さの関係

加えた２つの直角三角形の面積を合わせると，もともとの三角形の面積に等しくなる。つまり，できた長方形の面積は，もともとの三角形のちょうど２倍の大きさになる。このことから，もともとの三角形の面積は，この長方形の大きさの半分となる。下ろした垂線の長さを高さとすると，(三角形の面積)＝(縦)×(横)÷2＝(横)×(縦)÷2＝(底辺)×(垂線の長さ)÷2＝(底辺)×(高さ)÷2と面積を求めることができ，公式を作り出せる。なお，底辺と高さを適切に決めるためには，できた長方形の縦と横の長さと底辺と高さの関係を明確に理解する必要がある。

#### ② 平行四辺形の面積

平行四辺形の面積を求めるために，等積変形によって平行四辺形を長方形にする。ある頂点から対辺に垂線を下ろすと，直角三角形ができる。できた直角三角形を平行四辺形の反対側に移動すると長方形ができる。

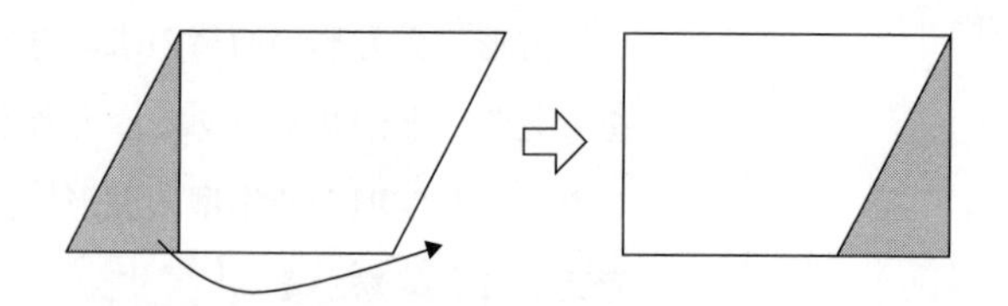

平行四辺形とできた長方形の面積は等しい。よって，下ろした垂線の長さを高さとすると，(平行四辺形の面積)＝(縦)×(横)＝(横)×(縦)＝(底辺)×(垂線の長さ)＝(底辺)×(高さ)と面積を求めることができ，公式を作り出せる。ここでも，底辺と高さを適切に決めるために，できた長方形の縦と横の長さと底辺と高さの関係を明確にする必要がある。

底辺と高さの関係

**③　台形の面積**

台形の面積を求めるために，台形を三角形に分割する。台形に対角線を引けば，台形は２つの三角形に分割される。

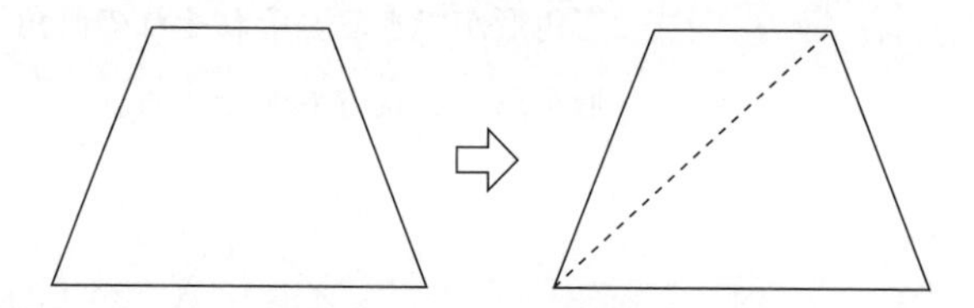

台形の面積は，分けた２つの三角形の面積を合わせたものになる。上側の三角形の底辺を台形の上底，下側の三角形の底辺を台形の下底とする。このとき，この２つの三角形の高さは等しい。よって，(台形の面積)＝(上底)×(高さ)÷2＋(下底)×(高さ)÷2＝(上底＋下底)×(高さ)÷2 と台形の面積を計算でき，公式を導ける。

## (3)　円の面積

円の面積の求め方は，既習の図形の面積に帰着して考える。求め方を見出すためには，円の面積の大きさに見通しをもつことが大切である。例えば，ある半径の円の面積とそれに内接する正方形と外接する正方形の面積を比べる。

円の面積の大きさを見通す

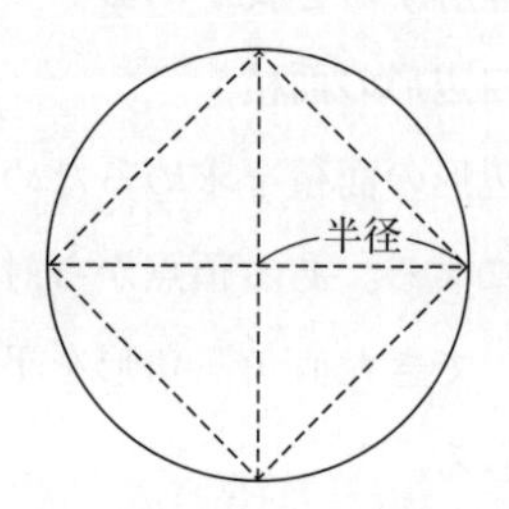


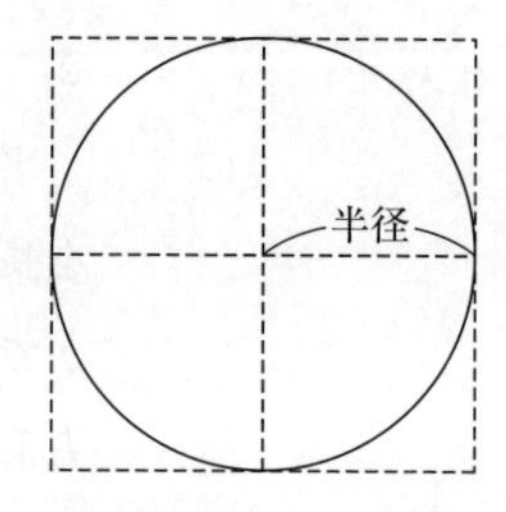

円の面積は，明らかに，内接する正方形の面積より大きく，外接する正方形の面積よりも小さい。内接する正方形の面積は，半径を一辺とする正方形の２つ分の大きさであり，外接する正方形はその正方形の４つ分の大きさである。そのため，円の面積は，半径を一辺とする正方形の面積の2倍より大きく，その正方形の面積の4倍より小さい。つまり，円の面積の大きさは，(半径)×(半径)×2の値より大きく，(半径)×(半径)×4の値よりも小さいことがわかる。このようにして，半径を使って既習の正方形の面積と比較し，円の面積の大きさに見通しをもつことができる。

等分割

その上で，児童が自ら，円を求積が可能な図形に等積変形するなど工夫をし，面積の求め方を考えたり，説明したりする。例えば，ある半径の円を中心から等分割し，それらをうまく並べると，平行四辺形に近い図形を作ることができる。

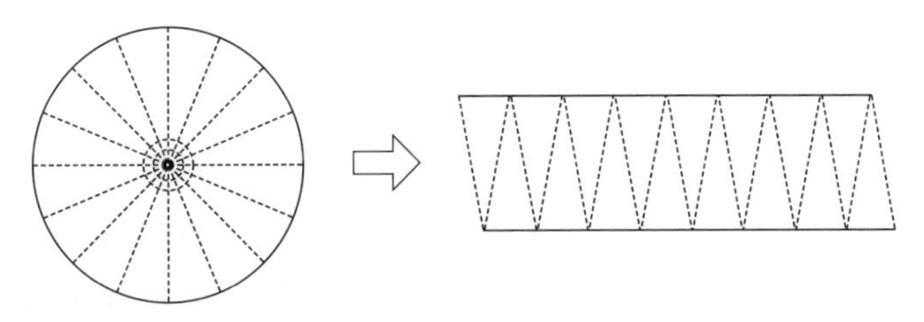

円の面積は，半径を一辺とする正方形の面積の3.14倍

円の面積と平行四辺形に近い図形の面積は等しい。底辺は，円周の長さの半分であり，等分割を細かくすると，平行四辺形に近い図形の高さは，円の半径に近づく。このことから，円の面積は，平行四辺形の面積として計算によって求められる。つまり，(円の面積)＝(平行四辺形の面積)＝(底辺)×(高さ)＝(円周の長さの半分)×(半径)＝(直径)×(円周率)÷2×(半径)＝(半径)×2×(円周率)÷2×(半径)＝(半径)×(半径)×(円周率)と円の面積を求めることができ，公式を作り出せる。また，見通しを付けた円の面積の大きさについて，円の面積の公式(円の面積)＝(半径)×(半径)×(円周率)から，円の面積は，半径を一辺とする正方形の面積の3.14倍であることに気付くことができる。

## ２ 立体の体積

### (1) 立方体・直方体の体積

**体積**は，面積と同じように，単位となる大きさを設定し，そのいくつ分として数値化される。例えば，一斗缶を縦に３個，横に４個，それを2段重ねると，一段目に$3\times4=12$個の缶があり，二段目にも同じ数だけあるので，全部で$12\times2=24$個ある。すると，一斗缶24個分の大きさの体積となる。このように，単位となる大きさのいくつ分を考えることが基本である。

一辺が1cmの立方体の個数

単位となる大きさを一辺が1cmの立方体とすると，この立方体のいくつ分かを考えればよい。例えば，縦が4cm，横が3cm，高さが2cmの直方体の体積を求める場合，直方体を一辺が1cmの立方体でいくつかに分け，その立方体の個数を調べればよい。

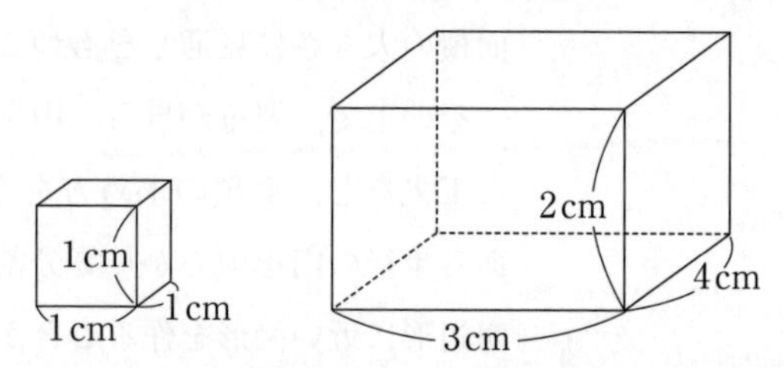


分けた後は，一辺が1cmの立方体が縦に4個で横に3個並んだものが，2段に重なった立体になる。一辺が1cmの立方体の個数は，一段目にある個数の段数分になるので，(1段目の個数)×(段数)＝(縦の個数)×(横の個数)×(段数)＝$4\times3\times2=24$個になる。つまり，直方体の体積は，一辺が1cmの立方体の24個分の大きさなので，$1\,\mathrm{cm}^3\times24=24\mathrm{cm}^3$となる。一段目の縦と横にある立方体の個数と段数は，直方体の縦，横，高さの長さにそれぞれ対応するため，体積を，(縦の長さ)×(横の長さ)×(高さの長さ)＝$4\,\mathrm{cm}\times3\,\mathrm{cm}\times2\,\mathrm{cm}=24\mathrm{cm}^3$と計算しても構わない。このように，(直方体の体積)＝(縦)×(横)×(高さ)という公式に繋がっていく。なお，立方体は，縦と横と高さの長さが等しいので，(立方体の体積)＝(1辺)×(1辺)×(1辺)になる。

### (2) 角柱・円柱の体積

立方体と直方体の体積は，一辺が1cmの立方体を基にして（縦)×(横)×(高さ）を考えた。ここで，縦が4cm，横が3cm，高さが1cmの直方体の体積を考えよう。この立体は，高さが1cmであるから一段だけの直方体である。

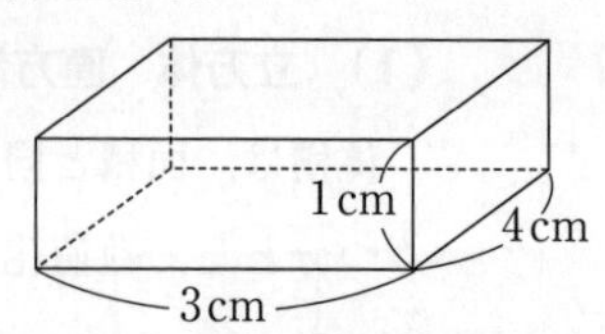

この直方体には，一辺が1 cmの立方体が3×4＝12個あるので，体積は12cm$^3$となる。他方で，この直方体の底面には，一辺が1 cmの正方形が3×4＝12個あるため，底面積は12cm$^2$である。このことから，一段しかない直方体にある一辺が1 cmの立方体の個数と底面にある一辺が1 cmの正方形の個数は，等しいことがわかる。したがって，底面にある一辺が1 cmの正方形の個数がわかれば，同時に一段目にある立方体の個数もわかることになる。

一段目にある立方体の個数がわかれば，段数分を考えることで，一段だけでない直方体の体積が求まる。つまり，(直方体の体積)＝(底面にある一辺が1 cmの正方形の個数)×(段数)＝(底面積)×(高さ)と新しい公式を作り出すことができる。

これを踏まえて，角柱や円柱の体積を考えると，それらの底面積を計算することは，同時に，一段しかない角柱や円柱の体積を求めることに直結する。それに段数分，つまり高さを考慮することで角柱と円柱の体積が求まる。よって，(角柱・円柱の体積)＝(底面積)×(高さ)と計算でき，公式に繋がっていく。

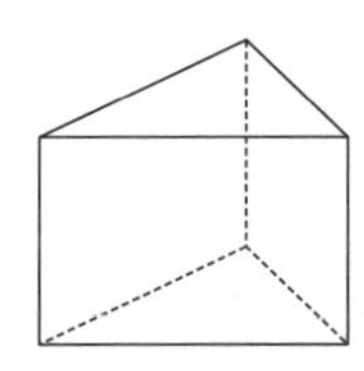
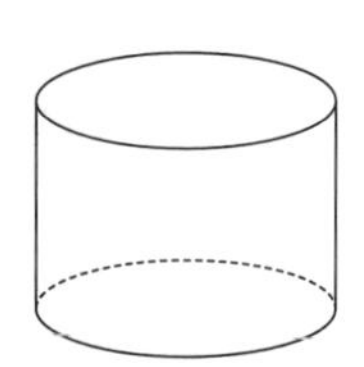

**問題1**　三角形，平行四辺形，台形の面積の求め方を，倍積変形，等積変形，分割などを基に，出来るだけ多く考えよ。

**問題2**　円の面積の公式を作り出す方法を，ここで紹介した方法以外に考えよ。

**問題3**　直方体の体積の求め方が，(縦)×(横)×(高さ)から(底面積)×(高さ)へと広がる指導の展開を具体的に考察せよ。

**引用文献**

1） P. W. van Hiele, D. van Hiele Goldof (1958) “A Method of Initiation into Geometry at Secondary School, Report on Method of Initiation Geometry” J. B. Woltens

2） 川嵜道広 (1998) 図形概念の言語的表現に関する認識論的研究，全国数学教育学会数学教育学研究　第4巻，pp.153－164

3） 川嵜道広 (1997) 図形概念の図的表現に関する認識論的研究，日本数学教育学会第30回数学教育論文発表会論文集，pp.325－330

# 第7章　測　　定

## §1　指導内容の概観

学習指導要領における「C測定」領域は，身の回りにあるいろいろな量の単位と測定などの内容によって構成されている。従前の「B量と測定」領域では，面積や体積のように，図形を構成する要素に着目し，図形の性質を基に，量を計算によって求める内容や，二つの数量の関係に着目し，数量の間の比例関係を基に，量を計算で求める単位量あたりの大きさや速さの内容も含まれていたが，計量的考察を含む図形領域は「B図形」として，測定のプロセスを充実する下学年の内容は「C測定」として再編成された。

算数科で学ぶ量の把握における測定とは，幾つかのものを比較する必要から，ものの特徴を捉えてそれを測り取り，数値化して表すことである。この意味で，量の把握における測定とは，ものの属性に着目し，単位を用いて量を捉え，その単位で測り取った数値に対応させることである。

領域のねらい

さて，この領域のねらいは以下の3つに整理されている[1)]。

・身の回りの量について，その概念及び測定の原理と方法を理解するとともに，量についての感覚を豊かにし，量を実際に測定すること

・身の回りの事象の特徴を量に着目して捉え，量の単位を用いて的確に表現すること

・測定の方法や結果を振り返って数理的な処理のよさに気付き，量とその測定を生活や学習に活用しようとする態度を身に付けること

数学的な見方・考え方

また，この領域で働かせる数学的な見方・考え方に着目して以下の4つの内容に整理されている。

①　量の概念を理解し，その大きさの比べ方を見いだすこと

②　目的に応じた単位で量の大きさを的確に表現したり比べたりすること

③　単位の関係を統合的に考察すること

④　量とその測定の方法を日常生活に生かすこと

これらの観点から各学年の内容を整理したものが以下の表である。

| 数学的な見方・考え方 | ・身の回りにあるものの特徴などに着目して捉え，根拠を基に筋道を立てて考えたり，統合的・発展的に考えたりすること | | | |
|---|---|---|---|---|
| | 量の概念を理解し，その大きさの比べ方を見いだすこと | 目的に応じた単位で量の大きさを的確に表現したり比べたりすること | 単位の関係を統合的に考察すること | 量とその測定の方法を日常生活に生かすこと |
| | ・直接比較<br>・間接比較<br>・任意単位を用いた測定 | ・普遍単位を用いた測定<br>・大きさの見当付け<br>・単位や計器の選択<br>・求め方の考察 | | |
| 第1学年 | ・長さの比較<br>・広さの比較<br>・かさの比較 | ・日常生活の中での時刻の読み | | ・量の比べ方<br>・時刻 |
| 第2学年 | | ・長さ，かさの単位（mm，cm，m及びmL，dL，L）<br>・測定の意味の理解<br>・適切な単位の選択<br>・大きさの見当付け<br>・時間の単位（日，時，分） | ・時間の単位間の関係の理解 | ・目的に応じた量の単位と測定の方法の選択とそれらの数表現<br>・時刻や時間 |
| 第3学年 | ・重さの比較 | ・長さ，重さの単位（km及びg，kg）<br>・測定の意味の理解<br>・適切な単位や計器の選択とその表現<br>・時間の単位（秒）<br>・時刻と時間 | ・長さ，重さ，かさの単位間の関係の統合的な考察 | ・目的に応じた適切な量の単位や計器の選択と数表現<br>・時刻と時間 |

**問題1**　平成20年と平成29年の学習指導要領について，内容やねらいについて比較検討し考察せよ。

# §2　量の概念と測定

## 1　量の分類

一口に量といっても様々なものがある。この領域で扱う量にはどのようなものがありどのような性質をもっているのかを理解することは大事である。そこで，まず量をその性質で分類することから始める。

### (1)　分離量と連続量

分離量
連続量

鉛筆の本数やお皿の枚数などはそのままいくつあるかを数えることができるが，鉛筆の長さやジュースの量はそのままでは数えることができない。このように，量には数えることができる量とそのままでは数えられない量がある。前者を**分離量**または離散量，後者を**連続量**という。分離量のことをデジタル量，連続量のことをアナログ量と呼ぶこともある。分離量は数えることによって量の大きさを数で表すことができる。数えることができるという意味は，自然数との対応関係がつくという意味で，整数の学習は分離量に基づいて行われる。

量の数値化

一方，連続量は単位と呼ばれる基準量を決め，その基準量の大きさとの比較によって連続量の大きさを数で表現することができる。この数値化のことを**測定**と呼んでいる。逆に言えば，連続量は測定によらなければ数で表すことができない。本測定領域で扱う量は主にこの連続量である。

### (2)　外延量と内包量

5mのケーブルと2mのケーブルをつなぐと7mのケーブルになる。また，2dLのジュースと3dLのジュースを一緒にすると5dLのジュースになる。つまり以下の関係式が成り立つ。

$$5m + 2m = (5 + 2)\ m = 7m, \qquad 2dL + 3dL = (2 + 3)\ dL = 5dL$$

ところが，5％の食塩水100gと7％の食塩水100gを一緒にしても12％の食塩水にはならない。また，車で，行きは時速40kmで運転して帰りは時速60kmで運転しても，車の平均速度は時速50kmにはならない。つまり，以下のような関係式は正しくない。

$$5\% + 7\% = 12\%, \qquad (40km/h + 60km/h) \div 2 = 50km/h$$

このように連続量の中には，長さやかさのように足し算ができる量と，濃度や速さのように足し算ができない量がある。前者のように，全体量がその部分量の和として表現できる量，つまり加法性がある量を**外延量**という。一方，後者のように全体量をその部分量の和として表現できない量，つまり加法性のない量を**内包量**という。

加法性
外延量
内包量

食塩水の例で言えば，２つの食塩水を合わせる場合，５％の食塩水100gの中に含まれている食塩の量５gと７％の食塩水100gの中に含まれている食塩の量７gは合わせて12gになる。食塩水全体で見ても100gと100gを合わせて200gの食塩水ができる。つまり食塩の量や食塩水の量は外延量であり足し算ができる。しかしながら，食塩水の濃度は，食塩の量を食塩水の量で割り算して求める内包量であり足し算をすることができない。

### (3)　度と率

すべての内包量が外延量の比で表されるということではないが[2]，多くの内包量は，外延量÷外延量として捉えられる。その場合，その２つの外延量が同種の場合と異種の場合がある。車の例で言えば，速度は(道のり)÷(時間)であり，「道のり」と「時間」という異種の２つの量の割合である。一方，食塩水の例の場合は，濃度は(重さ)÷(重さ)であり，同種の２つの量の割合である。前者のような内包量を**度**といい，後者の内包量を**率**という。速度，百分率という名前にも納得感がある。

度
率

単位当たり量は内包量(度)である。速度の場合は，１時間あたりに走る道のりを表している。畳１枚あたりの人数や一人当たりの畳の枚数を分数や小数で表すことがあるが，これらも割り算で求められる。

## 2　量の比較と測定

### (1)　測定の条件

量の比較や測定ができるためには以下の条件が必要である。

・量の保存性
・量の比較可能性
・量の連続性

量の保存性

**量の保存性**とは，形や位置を変えたりいくつかに分割したものを合併したりしてもその全体量が変わらないことである。ジュースの量を量るとき，入れる容器によって量が変わったり，いくつかの容器に分けたときの量の合計が違ったりしては測定などできない。

量の比較可能性

**量の比較可能性**とは，同種の2つの量$a$，$b$に対して，以下のいずれか1つが必ず成り立つということである。

$a<b$，$a=b$，$a>b$

つまり，2つの量の大小(あるいは相等)が必ずつけられるということである。

量の連続性

**量の連続性**とは，以下のいずれもが成り立つことである。

① 1つの量$a$が与えられると，任意の自然数$n$に対して，$a=nb$となる量$b$が存在する。

稠密性

② 2つの量$a$，$b$に対して，$a<b$であるとき，$a<c<b$となる量$c$が存在する。

アルキメデスの公理

③ 2つの量$a$，$b$に対して，$a<b$であるとき，$na>b$となる自然数$n$が存在する。

②は量の稠密性，③はアルキメデスの公理と呼ばれている。

### (2) 測定の段階

外延量の指導においては，普遍単位を導入するまでに直接比較，間接比較，任意単位を用いた大きさの比較の段階を踏むことが大事とされている。以下簡単にポイントを述べておく。

直接比較

**①直接比較**

比較の初期段階は，本来感覚による比較であろう[3)]。見た目の大きさで大小を判断したり，長さや広さを見比べることは日常的によく行われている。しかしながら，見た目では違いがよくわからないときや，明確に大小を捉えようとした場合は，しっかりとした手続きにしたがって比較をすることになる。その意味では，**直接比較**を比較の手続きの第一段階として考えることは妥当であろう。具体的には，長さの比較では一方の端を揃えて他方の位置で比べたり，かさの比較では一方の容器一杯に入った水を他の容器に移したりすることになる。その際，手続きを明確にすることが大事である。

間接比較

**②間接比較**

直接比較が困難な場合，第三のものを媒介として比較が行われる。長さの比較のためのひもやテープ，広さの比較のための紙やシート，かさの比較のための容器等は，やや大きめのものを用いてそれに印をつけるなどの活動で比較することが可能である。もちろん，大小関係の推移律を用いて比較を行うこともできる。いずれにしても，**間接比較**をすることのよさや必然性を感じることができるような場面設定は必要である。

任意単位による比較

**③任意単位を用いた大きさの比較**

**任意単位**を用いた比較は，測定による数値化とそれに基づく比較である。測定では，決めた単位を繰り返し用いて量を量ることが原則となるが，同じ大きさのものを複数用いて測定することも可能である。机の縦の長さを測る場合，１本の鉛筆を繰り返し印をつけてずらしながら測ったり，同じ長さの鉛筆を複数用意して何本分と測ることはよいが，違う長さの鉛筆を用いて測ることは駄目である。机の縦が何本かの鉛筆でピッタリとはまるようにいろいろな長さの鉛筆を用意したり，ジグザグと曲げながら鉛筆を並べるような活動は正しい測定とは言えない。

普遍単位による比較

**④普遍単位を用いた大きさの比較**

任意単位を用いた比較によって量が数値化され，大きさの比較がより明確になるが，同じ任意単位がいつも用いられるわけではない。違う単位を用いると，測定によって得られた数値だけでもって大きさを比較することは困難である。その場合，共通に使える単位が必要となり**普遍単位**が登場することになる。普遍単位は社会で決められたルールと同じように子どもたちに教えることになるが，普遍単位の必要性や有用性が感じられることが大切である。

間接測定

**⑤間接測定**

以上のように普遍単位の導入までの段階を見てきたが，測定の段階としては**間接測定**もある。上で述べてきた任意単位による測定や普遍単位による測定は，測るものを直接測っているので直接測定である。これに対して，違うものや一部分を測り，計算などで量を数値化する方法として間接測定がある。針金の長さを測るのに，一部の針金の長さと重さを量ることによって計算で求めたり，釘の本数を求めるのに，やはり何本かの釘の重さを量って計算で求めることなどもそうである。いずれにして，比例関係にある２つの数量関係を用いた間接測定である。図形の面積や体積を辺の長さを用いて計算で導くことも間接測定であるが[4)]，これら図形の計量に関するものは，図形領域で扱うので，ここではこれで留めておく。

## 3 メートル法

### (1) メートル法と尺貫法

メートル法

**メートル法**とは，度量衡に関する国際的な単位系のことである。それぞれの国や地域によって異なる単位を用いているといろいろと不都合なこともあり，18世紀末に国際的に共通な基準を作ろうとする動きがあった。それを受けて，メートル法による度量衡の国際的統一を目指して1875年にメートル条約が締結されている。日本は1885年にメートル条約に加盟している。メートル法では長さの単位としてメートルを採用しているが，長さだけでなく，広さ（面積）やかさ（体積）重さ（質量）など様々な量の基準となる単位を決めている。現在は，メートル法から派生した国際単位系（SI）が国際基準として広く用いられている。

尺貫法

一方，日本には古くから**尺貫法**と呼ばれる単位系がある。一寸法師の一寸は約３cmであり，一里塚の一里は約４kmである。一坪の土地の広さは約3.3$m^2$であり，お米一合は約180$cm^3$である。わが国でも量を表すのに基本的にメートル法を用いるが，尺貫法も生活に残っており，日本文化の伝承という意味からも大切にしたいところである。ちなみに，アメリカやイギリスにはヤード・ポンド法と呼ばれる単位系がある。ゴルフやアメリカンフットボールでは長さの単位としてヤードが用いられている。

### (2) メートル法の仕組み

長さの単位にcmやmm，kmがあるように，重さの単位にもmg，kgなどいろいろな単位がある。実は，m（ミリ）やk（キロ）といった接頭語はm（メートル）やg（グラム）だけでなくいろいろな単位に用いられる。また，m（ミリ）やk（キロ）以外にも様々な接頭語がある。メートル法における代表的な接頭語は次頁の通りである。c（センチ）は子どもたちの身近なところではm（メートル）ぐらいにしか使われていないが，他の単位でも用いられることがある。75cLは750mLと同じ量である。ただし，単位の換算をテクニカルに行うことができることに終始するのではなく，メートル法の仕組みに気づき，理解を深めることが大切である。メートル法の特徴は，十進法を用いていることである。自分の身の回りに，どのような単位が用いられているかに関心をもつことが大切である。

| テラ | T | $10^{12}$ | デシ | d | $10^{-1}$ |
|---|---|---|---|---|---|
| ギガ | G | $10^{9}$ | センチ | c | $10^{-2}$ |
| メガ | M | $10^{6}$ | ミリ | m | $10^{-3}$ |
| キロ | k | $10^{3}$ | マイクロ | $\mu$ | $10^{-6}$ |
| ヘクト | h | $10^{2}$ | ナノ | n | $10^{-9}$ |
| デカ | da | 10 | ピコ | p | $10^{-12}$ |

## 4 時刻と時間

**時刻**と**時間**については，日常生活と関連させながら学習することが大切である。日常生活では，時刻のことをしばしば時間と呼ぶこともあるので，ここでは時刻と時間の違いを明確にしておきたい。また，最近はデジタル時計が多く用いられているが，アナログ時計で時刻を呼んだり時間を考えたりすることは大切である。特に，時間の長さを体感することは，他の量での量感を育てることと同様に大事にしたいところである。

また，時刻と時間については，十進法ではない数体系となっているので，十進法と比較しながら数の仕組みについて捉えさせるようにすることが大事である。

**問題1**　身近な量をできるだけ多く取り上げ，それらを分類せよ。
**問題2**　内包量の指導について，困難さを調べ，具体的な指導方法を検討せよ。
**問題3**　内包量の３用法について調べ，比の３用法との類似点や相違点について考察せよ。

### 引用文献

1） 文部科学省（2018）「小学校学習指導要領解説　算数編」，日本文教出版，p.56
2） 杉山吉茂（2008）「初等科数学科教育学序説」，東洋館出版社，p.163
3） 添田佳伸（1997）「測定の段階についての一考察」『九州数学教育学研究』，第４号，pp.1-7
4） 杉岡司馬（2002）「『学び方・考え方』をめざす算数指導」，東京館出版社，p.210

# 第8章　変化と関係

## §1　指導内容の概観

平成29年の小学校学習指導要領の改訂により上学年に新たに設けられた「C 変化と関係」の領域は，従来の「D 数量関係」領域で扱われていた関数の考えにかかわる内容（比例，反比例，割合，比）と「B 量と測定」領域の内容であった単位量当たりの大きさ（速さなど）で構成されている。

文部科学省「小学校学習指導要領解説　算数編」においては，「C 変化と関係」領域の内容を，この領域ではたらかせる数学的な見方・考え方に着目して次の三つに整理している[1]。

① 伴って変わる二つの数量の変化や対応の特徴を考察すること

② ある二つの数量の関係と別の二つの数量の関係を比べること

③ 二つの数量の関係の考察を日常生活に生かすこと

伴って変わる二つの数量の関係

学習指導要領に記載されている①の「伴って変わる二つの数量の関係」に関する指導事項を学年ごとにまとめると，次の表のようになる。

<table>
<tr><th></th><th>知識・技能</th><th>思考力・判断力・表現力</th></tr>
<tr><td>各学年共通</td><td></td><td>伴って変わる二つの数量を見いだして，それらの関係に着目する。</td></tr>
<tr><td>第4学年</td><td>・変化の様子を表や式，折れ線グラフを用いて表す。<br>・変化の特徴を読み取る。</td><td rowspan="2">表や式を用いて変化や対応の特徴を考察する。</td></tr>
<tr><td>第5学年</td><td>簡単な場合の比例の関係</td></tr>
<tr><td>第6学年</td><td>・比例の関係の意味や性質の理解<br>・比例の関係を用いた問題解決の方法<br>・反比例の関係</td><td>・目的に応じて表や式，グラフを用いてそれらの関係を表現して，変化や対応の特徴を見いだす。<br>・見いだした変化や対応の特徴を日常生活に生かす。</td></tr>
</table>

二つの数量の関係と別の二つの数量の関係の比較

また，②の「二つの数量の関係と別の二つの数量の関係の比較」に関する指導事項を学年ごとにまとめると，次ページの表のようになる。

<table>
<tr><th></th><th>知識・技能</th><th>思考力・判断力・表現力</th></tr>
<tr><td>各学年共通</td><td></td><td>・日常の事象における数量の関係に着目する。<br>・図や式などを用いて，ある二つの数量の関係と別の二つの数量の関係の比べ方を考察する。</td></tr>
<tr><td>第４学年</td><td>簡単な場合について，ある二つの数量の関係と別の二つの数量の関係を，割合を用いて比べることを知る。</td><td></td></tr>
<tr><td rowspan="2">第５学年</td><td>速さなど単位量当たりの大きさの意味及び表し方を理解し，それを求める。</td><td>異種の二つの量の割合として捉えられる数量の関係に着目し，目的に応じて大きさを比べたり表現したりする方法を考察し，それらを日常生活に生かす。</td></tr>
<tr><td>・ある二つの数量の関係と別の二つの数量の関係を，割合を用いて比べることを理解する。<br>・百分率を用いた割合の表し方を理解し，割合などを求める。</td><td rowspan="2">考察した数量の関係の比べ方を日常生活に生かす。</td></tr>
<tr><td>第６学年</td><td>・比の意味や表し方の理解<br>・数量の関係を比で表したり等しい比をつくったりする。</td></tr>
</table>

伴って変わる二つの数量の関係は，中学校数学科における関数の学習に接続する内容であり，具体的な事例について考えさせることを通して「関数の考え」を身につけさせることが重要である。更に，比例や反比例は中学校第1学年でも学習することから，中学校での学習への接続を意識した指導が望まれる。また，割合は乗法，除法における「倍」の概念に直結する内容であり，「A　数と計算」領域の学習内容を修得する上でも重要であることから，「A　数と計算」領域の学習と関連させて理解させる必要がある。

## §2　関数の考え

関数の考え

　平成29年に改訂された小学校学習指導要領においては，数学的活動の中で働かせる数学的な見方・考え方を明示して，算数科で育成を目指す資質・能力とそれを育成するために必要な指導内容を整理している。「小学校学習指導要領解説　算数編」においては，算数科の内容の骨子のひとつに「事象の変化と数量の関係の把握」が挙げられており，『身の回りの事象の変化における数量間の関係を把握してそれを問題解決に生かす』という「**関数の考え**」が算数科の内容の重要事項のひとつとされている[2)]。更に，「関数の考え」を用いた問題解決の過程として，次の３つのことが挙げられている[2)]。

関数の考えを用いた問題解決の過程

①　二つの数量や事象の間の依存関係を考察し，調べようとするある数量$A$が他のどんな数量$B$と関係づけられるのかを明らかにする。

②　伴って変わる二つの数量$A$と$B$について，対応や変化の特徴を明らかにする。

③　二つの数量$A$，$B$の間の関係や変化の特徴を問題解決において利用する。

関数の考えを用いた問題解決例

　関数の考えを用いて問題を解決する例として，１辺の長さが１cmの正方形を横に並べて下のような形をつくるとき，正方形の数とまわりの長さの関係を調べる問題を考える。

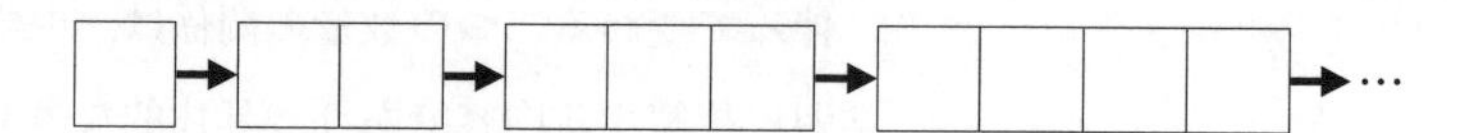

　正方形の数が少ないときは図を描けるので，図からまわりの長さを求めて表にまとめる。

| 正方形の数（こ） | 1 | 2 | 3 | 4 | 5 | 6 |
|---|---|---|---|---|---|---|
| まわりの長さ（cm） | 4 | 6 | 8 | 10 | 12 | 14 |

　この表から，対応や変化の特徴として，例えば『正方形が１こ増えるとまわりの長さは２cm増える』という規則性（きまり）を見いだしたとする。この規則性を活用して，正方形が50このときのまわりの長さを求める問題を考える。正方形が１この状態から49こ増えているので，まわりの長さは正方形が1このときの４cmから$2\times49=98$cm増えることになり，$4+2\times49=102$cmということがわか

る。更に，この問題解決の結果を一般化して，正方形の数を○，まわりの長さを△とするとき，数量の関係を△＝4＋2×（○－1）という式で表すことができる。なお，上の表では正方形の数が6までしか調べていないが，このまま変化していけば正方形が何個になってもこの規則性は成り立つだろうと，帰納的に考えていることに留意する必要がある。

更に，上で見いだした規則性は，図ではどのように説明できるかを考えさせてみるのも，対応や変化の特徴について理解を深めさせることにつながる。正方形の数が3こから4こに増える様子を図で表してみると，次のようになる。

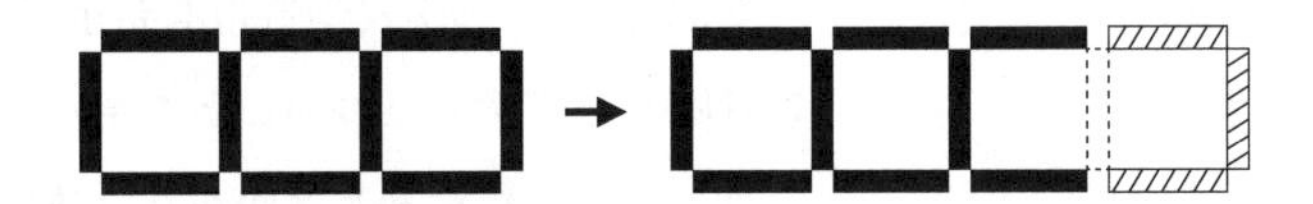

正方形3この状態において右に正方形を一つ追加すると，左から3番目の正方形の右の辺（右図の点線の辺）が図形のまわりではなくなり，追加した正方形の上の辺，右の辺，下の辺（右図の斜線の辺）が新たに図形のまわりに加わるので，まわりの長さが2cm増えることがわかる。この説明は，正方形が何個の場合にも通用する一般的なものであるので，表から帰納的に見いだした規則性を裏付けている。

「関数の考え」を用いた問題解決の過程にあるように，最初から伴って変わる二つの数量が与えられている問題を考えさせるだけではなく，数量$A$に関する問題を考察する際に，それに伴って変化する別の数量$B$を児童が見いだし，数量$A$と数量$B$の変化の様子を調べれば数量$A$の問題が解決できそうだという見通しを持たせる活動の充実を図ることも重要である。

**問題**　本文中の例において，正方形の数が増えるとそれに伴って変わる別の数量を見つけ，その対応や変化の特徴について表や図を用いて考察せよ。

# §3　比例と反比例

## 1　比例

関数関係の基本的なものとして，第5学年から第6学年にかけて**比例**を，第6学年において**反比例**を学習する。比例の考えは，小数や分数のかけ算の意味付けなど，算数の様々な学習において登場する重要な考え方である。また，第5学年の面積の学習において，底辺がきまった長さの三角形や平行四辺形について，高さと面積との関係を調べるような比例の素地的指導も行われている。

比例の意味

文部科学省「小学校学習指導要領解説　算数編」においては，比例の意味として次の三つのことを挙げている[3)]。

①　二つの数量$A$と$B$があり，数量$A$が2倍，3倍，4倍，…と変化するのに伴って，数量$B$も2倍，3倍，4倍，…と変化し，数量$A$が$\frac{1}{2}$，$\frac{1}{3}$，$\frac{1}{4}$…と変化するのに伴って，数量$B$も$\frac{1}{2}$，$\frac{1}{3}$，$\frac{1}{4}$…と変化する。

②　一般に，数量$A$が$m$倍になれば，対応する数量$B$も$m$倍になる。

③　二つの数量の対応する値の商は，どこも一定である。

例えば，縦の長さが5cmの長方形について，横の長さと面積との関係を調べて，次のような表にまとめたとする。

| 横の長さ$x$(cm) | 1 | 2 | 3 | 4 | 5 | 6 |
|---|---|---|---|---|---|---|
| 面　　積$y$(cm$^2$) | 5 | 10 | 15 | 20 | 25 | 30 |

表の横の関係

このとき，まず①では表を横に見て，長方形の横の長さが2cmから4cmへ2倍になれば，それに伴って面積も10cm$^2$から20cm$^2$へ2倍になることを見いだす。さらに，変化する前の長方形の横の長さがいくらでも，何倍の変化であっても，このきまりが成り立つことを確認させる。長方形の横の長さが小数倍になる場合（2cmから5cmに変化する場合など）や，長さは連続量であるので小数で表された長さについても扱い，同じきまりが成り立っていることを確認させ，②の関係がありそうだという見通しを持たせることが必要である。

表の縦の関係

一方，③では表を縦に見て，長方形の横の長さ$x$がいくらであっても，面積$y$を$x$でわった商$y \div x$はいつも５であることに気づかせ，$y$を$x$の式として，$y = 5 \times x$（一般的には$y$=きまった数$\times x$）と表すことを指導する。

算数では，①(及びそれを一般化した②)と③を比例の性質として並列的に学ぶが，実は①②と③は同値であることから，中学校数学科では③を比例の定義としている。また，表から，「$x$が１増えるとそれに伴って$y$はきまった数（この場合は５）だけ増える」というきまりに気づく児童もいると思われるが，この性質は§２で取り上げた正方形の数とまわりの長さの例においても観察されるものであり，比例特有の性質とはいえないことに留意しておく必要がある。

比例の活用

日常生活における問題には，比例の考えを用いて解決できるものがみられる。例えば，非常に多い枚数の紙を用意する場面で，紙の枚数と重さが比例することを利用して，少ない枚数の紙の重さを測定し，そこから用意したい枚数の紙の重さを比例の関係を用いた計算によって求め，その重さの紙を用意するという解決が考えられる。紙1枚の重さは軽く，正確な重さが測定できるわけではないため，必要な枚数の紙が正確に用意できるとは限らないが，算数で学んだ比例の学習を生かして，枚数を数えることなく多い枚数の紙を用意できたという経験は大きいであろう。このように，日常生活の事象において，考察の対象とする数量を直接数えたり測ったりできないとき，その数量とおおむね比例の関係にあると考えられる別の数量を見いだし，その数量について考察することを通じて元の問題を解決する活動を，具体的な例を用いて行うことが大事である。

## 2　反比例

反比例の意味

文部科学省「小学校学習指導要領解説　算数編」においては，反比例の意味として，比例の場合に対応して次の三つを挙げている[4)]。

①　二つの数量$A$と$B$があり，$A$が２倍，３倍，４倍，…と変化するのに伴って，$B$は$\frac{1}{2}$，$\frac{1}{3}$，$\frac{1}{4}$，…と変化し，$A$が…$\frac{1}{2}$，$\frac{1}{3}$，$\frac{1}{4}$，…と変化するのに伴って，$B$は２倍，３倍，４倍，…と変化する。

②　一般に，数量$A$が$m$倍になれば，対応する数量$B$は$\frac{1}{m}$倍になる。

③　二つの数量の対応する値の積は，どこも一定である。

反比例の関係についても，比例の学習と同様に，伴って変わる具体的な二つの数量を取り上げて対応する値を表にまとめ，表を縦に見たり横に見たりして上記の①～③のような対応や変化の規則を見いだしたり，確認したりする活動を行うことになる。③の性質からは，二つの数量の対応する値$x$，$y$について，$x \times y$=(きまった数)，または$y$=(きまった数)$\div x$という式で表せることを指導する。

反比例のグラフ

グラフについては，表に現れているいくつかの点をとって変化の様子を調べることになる。比例の場合には，点をとった段階で原点を通る直線になりそうだということを見通すことができる。一方，反比例の場合，例えば面積が15cm²の長方形の縦の長さ$x$cmと横の長さ$y$cmの関係をまとめた表からいくつか点をとると図のようになり，どのようなグラフになるかが想像しにくい。もっと数多くの点をとったらどのようになるかを，コンピュータを使って見せるなどして，変化の様子を視覚的に捉えられるようにする。表から規則性を詳しく調べることと合わせて，単に「$x$が増加すれば，それに伴って$y$は減少する」という程度の理解にとどめないようにする必要がある。

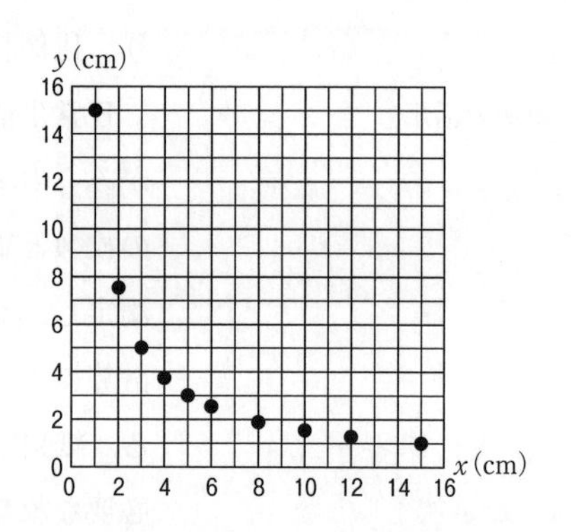


**問題1**　伴って変わる二つの数量で，比例の関係にあるもの，反比例の関係にあるもの，比例でも反比例でもないものの例を挙げ，それぞれの例について対応や変化の特徴を説明せよ。

**問題2**　比例の意味として挙げた①(及びそれを一般化した②)と③とが同値である理由を説明せよ。

# §４　単位量あたりの大きさと割合

## 1　単位量あたりの大きさ

単位量あたりの大きさ

　第５学年においては，混み具合，人口密度や速さなど，一つの量に着目するだけでは比較ができない量について，異なる種類の二つの量$X$，$Y$に着目し，量$X$の１単位分の大きさに相当する量$Y$の大きさで比較することを学習する。例えば，Ａ，Ｂ，Ｃの３人の児童が走った距離と時間をまとめた右表を用いて，どの児童が最も速く走ったかを調べる際には，次のような手順で学習活動が行われる。

| 児童 | 距離(m) | 時間(秒) |
|---|---|---|
| A | 40 | 8 |
| B | 40 | 9 |
| C | 50 | 9 |

①　ＢとＣはかかった時間が同じだから，長い距離を走ったＣの方が速い。

②　ＡとＢは走った距離が同じだから，時間の短いＡの方が速い。

③　①②より，ＡとＣのどちらが速いかを考える課題が生じるが，ＡとＣは走った距離もかかった時間も異なる。距離と時間のどちらか一方が同じなら比べられることを生かして，距離をＡとＣの距離の最小公倍数である200mに揃えたり，時間を72秒に揃えたりする。このとき，比例の考えや平均の考えを用いていることに留意する。

④　③において距離を１mに揃えると，Ａは0.2秒，Ｃは0.18秒かかる。時間を１秒に揃えると，Ａは５m，Ｃは約5.6m走る。このように片方の量を単位量に揃えると，最小公倍数を求めることなく，３人以上の児童の速さを一度に比較することができる。

速さ＝距離÷時間

　以上の学習活動を経て，「**速さ**」という量を数値化することになる。一般に，数値が大きいほど大きい量を表すように数値化する方がわかりやすいため，かかった時間を単位時間（１時間，１分，１秒）に揃えて速さ（時速，分速，秒速）を表現する。即ち，距離（道のり）を時間でわったものが速さである。

　**単位量あたりの大きさ**の導入教材として，部屋などの混み具合が使われることがある。この場合も同じ広さの部屋の場合，部屋にいる人数が同じ場合の考察から始めて，次に部屋の広さも人数も異なる場合について具体的な数を提示して，部屋の広さと児童数という二つの量を用いてどのように混み具合を比較すればよいかを順に考えさせることが望まれる。

**問題** 上記の②と③の間に，児童Bと『50mを8秒で走った児童D』の速さの比較をさせたい。また，距離や時間を揃えるという考えは出ていない段階で，BとDの速さを比較するという課題をどのように解決させればよいか。

## 2 割合

割合とは

同じ種類の二つの数量$A$と$B$の関係を表すのに，一方の数量$B$を基準量と考えて，もう一方の数量$A$(比較量)がどれくらいの大きさにあたるかを$A \div B$の商で表したものが**割合**(数量$B$を基準量としたときの数量$A$の割合)である。$A$，$B$という二つの数量の関係と，$C$，$D$という別の二つの数量の関係とを，割合を用いて比較することを，第4学年から第5学年にかけて指導する。

倍の意味

整数の乗法や除法を指導する際に，「倍」の概念を既に取り扱っている。第2学年において，乗法には，一つ分の大きさの何倍か(整数倍)に当たる大きさを求めるという意味があることを学習する。第3学年の除法の学習では，ある数量$A$がもう一方の数量$B$の何倍に当たるかを求めたり，ある数量$A$がもう一方の数量$B$の何倍かがわかっている場合にもとにする数量$B$の大きさを求めたりする場合に除法が用いられることを，整数倍の場合に限って指導する。更に，第4学年においては，倍を表すのに小数が用いられることを指導し，「基準量を1としたときにいくつに当たるか」という拡張した「倍」の意味について理解させる。「C 変化と関係」領域における割合の指導においては，これらの「倍」の意味を踏まえて割合の概念を導入することになる。

割合で比べることの意味

例えば，ある店で，定価150円のノートAを120円で売っており，定価120円のノートBを90円で売っているとき，どちらのノートがより安いかを考える問題場面がある。ノート1冊の値段に着目するとどちらも30円値引きされており，同じだけ安くなっていると考えるのは，差で比べる考え方である。割合で比べるとは，定価を

600円に揃えて，ノートＡを４冊買うと480円だが，ノートＢを５冊買うと450円で買えるので，ノートＢの方が安いと考えることである。このとき，それぞれのノートについて，定価による代金と実際の代金とが比例することを前提としているので，ノートの数がいくつであっても，定価から計算した代金にきまった数（ノートＡは0.8，ノートＢは0.75）をかければ実際に支払う代金がわかるという関係がある。

全体と部分の関係を割合を用いて比較する

全体とその一部分との関係を比べる場合に，割合が用いられることが多い。例えば，バスケットボールの４試合のうちで，シュートが一番よく成功した試合はどれかを判断する問題場面がある。右の表で，１試合目から３試合目までは割合を用いなくても比較ができるが，３試合目と４試合目ではシュート数も入った数も異なるため，どちらがシュートが成功したかは割合を用いて判断することが必要である。

| | シュート数 | 入った数 |
|---|---|---|
| １試合目 | 10 | 5 |
| ２試合目 | 9 | 4 |
| ３試合目 | 10 | 6 |
| ４試合目 | 12 | 8 |

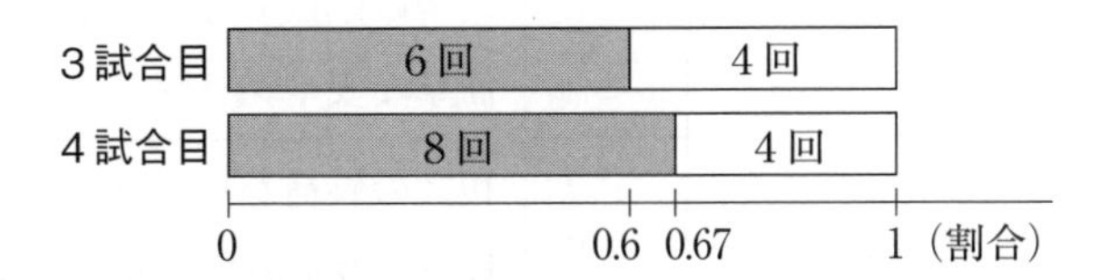


割合を用いて比較する場合には，まず基準量と比較量が何であるかを捉える必要がある。それぞれの試合におけるシュート数(全体)に対する入った数(部分)の割合を求め，その割合の大きい方がシュートが成功したと考えればよいことを見いだす。更に，言葉や式に表して比較したり，図に表して考察したりして判断させることが大事である。

**問題1**　差で比べることとの違いを明らかにしながら，割合で比べることの意味を理解させるのに適した問題場面を工夫せよ。

**問題2**　バスケットボールのシュート数の例において，１試合目から３試合目の中でどの試合が一番シュートが成功したかを，割合の考えを用いずに考察せよ。

### 引用文献

１）　文部科学省（2018）『小学校学習指導要領(平成29年告示)解説　算数編』，日本文教出版，p.62
２）　文部科学省（2018）『小学校学習指導要領(平成29年告示)解説　算数編』，日本文教出版，p.35
３）　文部科学省（2018）『小学校学習指導要領(平成29年告示)解説　算数編』，日本文教出版，p.301
４）　文部科学省（2018）『小学校学習指導要領(平成29年告示)解説　算数編』，日本文教出版，p.302

# 第9章　データの活用

## §1　指導内容の概観

平成29年の学習指導要領の改訂において，「データの活用」領域が新設された。第５学年までの内容については，これまでの学習指導要領においても取り扱われていた内容がほとんどであるが，第６学年には，新しいグラフ表現としてドットプロットが追加され，さらに中学校から，中央値や最頻値といった代表値が移行された。また，第５学年と第６学年においては，「統計的な問題解決の方法を知ること」が追加されている。主な内容は次の表のとおりである。

| 学年 | 主な内容 |
|---|---|
| １年 | 絵や図を用いた個数の表現 |
| ２年 | 一つの観点で分類・整理する<br>簡単な表やグラフ |
| ３年 | 複数の候補から観点を選び分類・整理する<br>棒グラフの特徴と用い方 |
| ４年 | 二つの観点で分類・整理する<br>折れ線グラフの特徴と用い方 |
| ５年 | 円グラフと帯グラフの特徴と用い方<br>統計的な問題解決の方法<br>測定値の平均 |
| ６年 | 代表値の意味や求め方<br>度数分布表を表す表とグラフの特徴と用い方<br>統計的な問題解決の方法<br>起こりうる場合 |

データを分類・整理して表にまとめる方法について，第２学年の１次元の表から，第４学年の２次元の表に至るまで，段階的に取り扱われている。

また，データをグラフに表す方法については，第３学年の棒グラフから始まるが，その前に第１学年で絵や図を用いた表現を取り扱い，第２学年ではそれを○などに変えて表現するなどその基盤となる内容が扱われている。その後，第４学年の折れ線グラフ，第５学年の円グラフ，帯グラフ，第６学年のドットプロット，柱状グラフとそれぞれの学年で新しいグラフ表現が加わっている。また，複数の棒グラフを組み合わせたグラフや棒グラフと折れ線グラフを組み合わせたグラフについても取り扱われている。データをドットプロットで表すことで，中学校第１学年から移行した代表値の意味が捉えやすくなることも期待できる。

第５学年と第６学年で取り扱われる統計的な問題解決の方法については，第５学年でその方法を知り，考察することを学習し，第６学年で身の回りの事象について，統計的な問題解決の方法で考察することで，その理解を深めることが求められている。

# §2　データの整理とその分析

## 1　データの整理

多くの情報が溢れる現代の社会では，目的に応じて情報を適切に捉え，的確に判断をすることが必要である。そのために，データを分類・整理し，表に表したり，グラフに表したりして，その特徴を把握する必要がある。

データのタイプ

### (1)　データのタイプ

データとは

**データ**は，様々な事象について考察したり，判断したりする際に用いられる事項や材料を意味し，一般的に数値的な情報だけでなく画像や映像などもデータに含まれることもある。統計的なデータを取り扱う場合，大きく**質的データ**と**量的データ**に分けられる。質的データは，性別や血液型などその性質に基づいていくつかのグループに分類されたデータで，量的データは身長や体重のように数値情報として得られるデータである。また，これらのデータを時間に沿って継続的に測定されたものを**時系列データ**という。このデータのタイプによって，整理の方法やグラフによる視覚化の方法も異なるため，常に意識しておくことが大切である。

質的データと量的データ

時系列データ

分類・整理

### (2) 分類・整理

質的データでは，測定された結果に基づいてデータを分類する必要がある。分類する際には，分類の観点が明確であって，次の3条件を満たすようにグループ分けする必要がある。この時，それぞれのグループを項目という。

分類の要件

① 分類した項目は，意味のあるまとまりを持っていること
② どの要素もどれかの項目に分類されること
③ 1つの測定値が2つ以上の項目に分類されることはないこと

例えば，整数のなかで，4の倍数と6の倍数という分け方をすると，12はどちらにも含まれるため，この分け方は分類ではない。数学的には，分類は類別とも呼ばれ，同値関係と深くかかわっている。

## 2 表

データが集められても，それぞれの測定結果が言葉や数値として表現されている状態では，そのデータの特徴や傾向を把握することは難しい。そこで，質的データの場合には，まず分類された項目に基づいて，それぞれの項目に含まれる測定値の数を調べることが必要である。このとき，この測定値の数を度数という。この度数を整理したものが表である。あとで述べるグラフを作成する際にも，まずデータを**表**で表すことが大切である。

表の分類

算数で学ぶ表には1種類の項目をもつ**1次元の表**と，縦と横の2種類の項目をもつ**2次元の表**がある。例えば，学校で起こったけがを場所に着目して分類した右のような表が1次元の表であり，おとなと子どもという観点と好きな球技の観点の2つの観点で分類した下に示すような表が2次元の表である。

1次元の表「けが調べ」

| 場所 | 人数(人) |
|---|---|
| 運動場 | 8 |
| 体育館 | 6 |
| その他 | 10 |
| 合計 | 24 |

2次元の表「好きな球技」(単位 人)

| | 野球 | サッカー | その他 | 合計 |
|---|---|---|---|---|
| おとな | 5 | 2 | 3 | 10 |
| 子ども | 3 | 5 | 2 | 10 |
| 合計 | 8 | 7 | 5 | 20 |

落ちや重なり

表にまとめる際には，用いた項目がすべての場合を尽くしているのか，項目間に重なりがないかを検討し，データを整理する際に「落ちや重なり」がないように気を付ける必要がある。このような検討は，第６学年で取り扱う起こりうる場合を考えることや，論理的な思考力の育成にもつながる。

表作成の留意点

表を作成する際には，次の点に留意する必要がある。

①　表に明記することがら：表題，項目，単位

②　２次元の表では，縦・横の線は多くなりすぎないようにする。

③　項目や数値の配列では，項目間に順序関係や特別な意味がなければ，対応する度数が多い項目の順に並べる。

また，必要に応じて，調査年月日，調査対象，調査期間などのデータを収集した状況について記述する場合もある。

## 3　グラフ

**グラフ**は，データを視覚化して，事象の特徴を捉えやすくするための方法である。統計グラフには，さまざまなグラフ表現があり，データのタイプや視覚化の目的に合わせて，適切に使い分ける必要がある。平成29年の学習指導要領の改訂では，算数において，棒グラフ，折れ線グラフ，円グラフ，帯グラフ，ドットプロット，柱状グラフを取り扱うことになっている。

### (1)　棒グラフ

棒グラフ

**棒グラフ**は，基本的には質的データに対して項目間の数量の比較をする際に用いられるグラフ表現で，数量の大きさを棒状の線分の長さで表したものである。量的なデータでも取りうる値が限られている場合には，棒グラフを用いることもある。棒グラフを作成する際には，縦または横に基準線をとり，そこから各項目の数量に比例した長さをもつ幅のある線分(棒)を等間隔に平行に引く。棒グラフの場合には，数量の大きさを表すのは棒の長さであり，棒の幅は数量とは関係しない。その点が柱状グラフ(ヒストグラム)との違いである。好きな遊び調べのように，各項目の度数を数量とする場合が多いが，都道府県別の面積のように量的なデータを表す場合にも用いられることもある。一般的に，項目の間に特別な意味がない場合には，数量の大きい項目から順に棒を並べる場合が多い。

組み合わせグラフ

また，複数のクラスの結果を組み合わせて棒グラフを作成する場合には，それぞれのクラスの棒グラフを隣り合わせて表現したり，それぞれの度数をあわせて積み上げる形の棒グラフで表現したりすることもある。目的に応じて，どのようなグラフ表現がよいかを検討する必要がある。特に，積み上げ棒グラフの読み取りについては，中学生でも課題があることが示されているので，その点は注意が必要である[1)]。

指導上の留意点

棒グラフの指導では，次のような事項に留意する。

① 表題の付け方など基本的なグラフの描き方
② 項目とそれに対応する数量を読み取ること
③ 目盛りの取り方としては，最小目盛りが1，10，100の場合を中心に取り扱うが，目的に応じて２や５の場合でも読み取ることができること
④ わかりやすく表現するために，項目の取り方や並べ方を工夫すること

### (2) 折れ線グラフ

折れ線グラフ

**折れ線グラフ**は，時系列データに対するグラフ表現で，気温や水温の変化など数量の時間的な変化の様子を捉えるために用いられるグラフである。一般的には，横軸は時間軸とし，各時刻に対応する数量を縦軸にとり，それを折れ線で結ぶ。折れ線グラフでは，変化の様子を表現することが目的であるから，縦軸の起点が0でない場合や途中を省略したグラフが用いられることがあることに注意する必要がある。また，棒グラフと折れ線グラフを組み合わせたグラフについても取り扱うことになっているが，この場合２つの数量を同時に表現しているため，左右の軸に異なった目盛をとる必要があるので，棒グラフと折れ線グラフの目盛りがどちらであるかを確認する必要がある。

指導上の留意点

折れ線グラフの指導では，次のような事項に留意する。

① 紙面の大きさや目的に応じて，１目盛りの大きさやグラフ全体の大きさを決めること
② 同じグラフでも，縦軸の幅を変えると見え方が異なること
③ 時刻とそれに対応する数量を読み取ること
④ 最高点，最低点，変化の様子を読み取ること

⑤　折れ線の傾きに着目して，変化の度合いを読み取ること

### (3)　円グラフ・帯グラフ

円グラフ

質的データに対して，各項目の度数の全体に対する割合に興味がある場合に用いられるのが円グラフと帯グラフである。**円グラフ**は，円をおうぎ型に区切って表したグラフで，各項目の度数の全体に対する割合に対応させて，おうぎ形の中心角を決める。円の中心角は360°であるから，360°を100とみなすことから，比や比例の考えが大切である。ただし，算数では円を10等分あるいは100等分に区切った目盛りの入ったものをあらかじめ準備する必要がある。円グラフは，25％や50％が中心角90°のおうぎ形や半円に対応するため，グラフから読み取りやすい。また，おうぎ形の面積，中心角，弧の長さはすべて項目の割合に対応しているため，どれを用いても割合の比較が可能である。この３つに着目してみることは，のちに学習するおうぎ形の面積や弧度法ともつながっている。

帯グラフ

一方，**帯グラフ**は，帯状の長方形を各項目の度数の割合に対応させて，いくつかの長方形に区切って表したグラフである。長方形の幅を10cmなど100に対応させやすい長さにとると，比較的描きやすくなる。帯グラフでは，各項目の割合を長方形の幅や長方形の面積によって比較することができる。また，帯グラフは複数のデータで各項目の割合の比較や変化を調べる際に有用である。

帯グラフの比較

例えば，統計検定の問題の中で次のようなデータが用いられた[2)]。Ａ市の小学１年生（352人）とＢ町の小学１年生（125人）に一番好きなスポーツについて調査を実施した。下のグラフはその結果である。なお，野球，サッカー，バスケット以外の回答はその他としてまとめた。

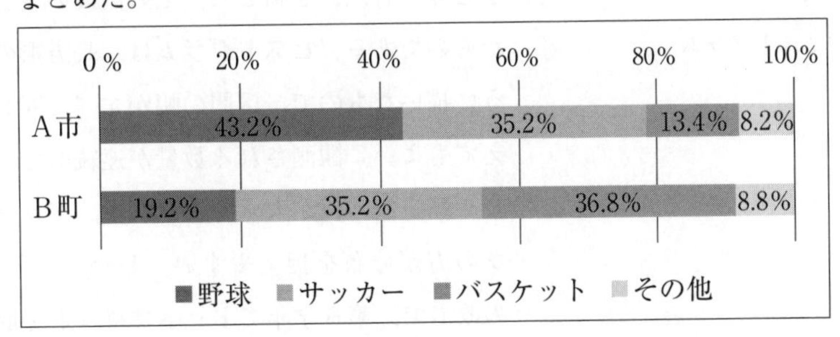


このグラフは，それぞれの項目の割合を比較するときには便利であるが，全体の人数が異なるため，それぞれの項目の度数を考える

場合には，計算が必要となる。

### (4) ドットプロット

ドットプロット

**ドットプロット**は，平成29年の学習指導要領の改訂で初めて用語として出てきたグラフ表現である。ドットプロットは，量的なデータの分布を表すためのもので，下の図のように，各測定された値に対応する数直線の値のところに●を積み上げていくものである。

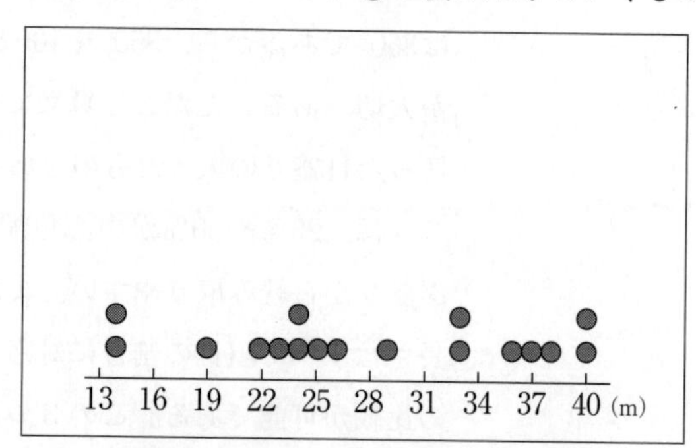

あるクラスのソフトボール投げの記録

これまで，量的データのグラフ表現では柱状グラフ（ヒストグラム）をすぐに用いていたが，ドットプロットを用いることで，階級分けされた度数ではなく，実際に測定された数量を見ながらデータの分布を捉えることができる。ただし，連続的な数量の場合のようにドットの重なりが生じたり，測定値の個数が大きくなったりすると，ドットプロットでは捉えにくい場合がある。

### (5) 柱状グラフ・ヒストグラム

柱状グラフ

**柱状グラフ**は，量的なデータの分布を表すグラフ表現で，数量をいくつかの区間(階級)に分けて，各区間の度数を調べ，横軸に数量をとり，各区間を横とし，その区間の度数を縦とした長方形を描いたものである。**ヒストグラム**は，長方形の面積が度数に対応するように描いたもので，区間の幅がすべて同じ場合には，同じものと考えてもよい。観測される数量が連続的で，細かく測定されている場合や測定値の数が大きい場合には，ドットプロットよりも柱状グラフの方が分布を捉えやすい。しかし，平成29年度の学習指導要領の改訂で，第6学年でドットプロットを取り扱うことになったため，算数においては量的なデータの分布を調べる際の中心はドットプロットとなり，柱状グラフについては，簡単な特徴とドットプロット

ヒストグラム

との使い分け方を学習する程度でよい。

## 4　代表値

量的データの分布の特徴を読み取る場合に，全体の分布の特徴を一つの数値で表すため，平均値，中央値，最頻値などさまざまな指標が用いられる。このように，一つの数値で表すことで，データの特徴を簡潔に表現でき，複数のデータを比較する際に有用である。その一方で，一つの値に集約することで失われる情報もあり，データの分布の形によっては適切ではない場合も生じる。そのため，それぞれの代表値の意味やその特徴を理解しておくことが大切である。

平均値の定義

### (1)　平均値

データの分布の中心を表す代表値で最もよく用いられるのが**平均値**である。平均値は，測定された値の多いところから少ないところへ移動してならして求める方法とすべての測定値を足し合わせたのちに測定値の個数で割るという方法がある。ただし，平均の場合には，分布の中心を表す指標として用いられるだけでなく，幅広く用いられている。そのような平均の意味としては，次の３つが考えられる。

平均の意味

①　複数の異なる値をならすことで，一つの値にまとめることができる。例えば，ボーリングのスコアを比較する際に，行ったゲームの数が異なる人を比較する際には，平均のスコアを用いて比較することがある。

②　測定する際に多少の誤差が生じる可能性がある場合がある。その際には，測定された数値を真の値と誤差と捉えて，真の値を予想する手段として平均を用いる。第５学年で学習する測定値の平均は①の意味を含んではいるが，基本的にはこの意味とし捉えることができる。

③　クラスのソフトボール投げの測定値のように，それぞれの値には散らばりがある場合に，データの分布を代表する数値として平均を用いる。

平均値の注意点

さまざまなデータの分布を見てみると，ある点を中心に左右対称で，ひと山の分布をすることが多いため，分布の代表値というと，その値の周辺に多くの測定値があるイメージをもつ場合が多い。しかし，データの分布が対称でなかったり，極端にかけ離れた測定値が含まれていたりする場合には，平均値の周辺にあまり測定値がない場合も生じる。このような場合には，平均値を代表値として用いることはふさわしくない。

### (2) 中央値

中央値

**中央値**は，データを大きさの順に並べた時に，ちょうど真ん中にある測定値の値を意味している。ただし，測定値の個数が偶数個の場合には，ちょうど真ん中にくる測定値はなく，真ん中にある２つの測定値を足して２で割った値を中央値として用いる。中央値を調べることで，その値よりも大きな測定値とその値よりも小さな測定値がほぼ同じ数になると考えることができる。多くのデータでは，平均値と中央値は近い値となることが多いが，この２つの値の違いが大きいときには，もう一度分布の様子を確認することが大切である。

### (3) 最頻値

最頻値

**最頻値**は，データの中で最も多く表れる測定値のことである。

基本的には，この値をとる測定値が最も多いのであるから，この周辺に多くのデータがあると考えられる。左右対称でひと山の分布であれば，平均値も中央値も最頻値も同じような値となることが期待される。しかし，最頻値だからといって，いつもその値をとる測定値が多いとは限らない。例えば，連続的なデータの場合には，とりうる値が非常に多くあるため，ほとんど同じ値をとることはない。そのため，偶然一致した値が最頻値となる場合がある。そのような場合には，柱状グラフでもっとも度数の多い階級の真ん中の値を最頻値として用いる場合もある。この点については，中学校第１学年で学習することになっている。

**問題1**　円グラフと帯グラフをどのように使い分けたらよいか，説明せよ。

**問題2**　身近なデータで，ドットプロットの活用事例を一つ挙げよ。

**問題3**　次ページのドットプロットのように，小さい値にデータが集中して，一部のデータは大きな値をとるようなデータの場合，平均値と中央値と最頻値の関係はどのようになるか，説明せよ。

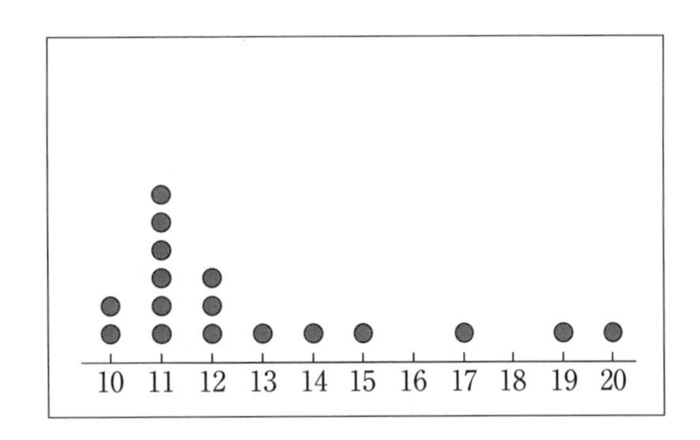


# §３　統計的問題解決と批判的な考察

## 1　統計的問題解決

### （1）PPDACサイクル

PPDACサイクルとは

統計的な問題解決を行う場合には，統計的な探究プロセスを何度か繰り返しながら，問題の解決に向かう場合が多い。そのような統計的な探究プロセスの代表的なものとして**PPDACサイクル**がある[3)]。このPPDACサイクルとは，Problem（問題），Plan（計画），Data（データ），Analysis（分析），Conclusion（結論）の５つの段階からなるプロセスで，必要に応じてこのプロセスを何度も回したり，Planを立てながら，もう一度Problem を修正する形で，後戻りしたりする場合もある。複雑な現象に対して統計的な問題解決を行う場合には，一つのサイクルで得られた結論から，次の問題が生じて，また次のサイクルを回すという形で，よりよい結論へと進んでいくことも多く，このような統計的な問題解決の方法を知り，それを活用できる人材が求められている。ここでは，それぞれの段階をもう少し詳しく見ていくことにする。

Problem（問題）：身の回りの事象に対する問題を，統計的に解決可能な問題に変えていくこと。一般的に，日常の生活の中で見出された問題は，「生活態度を改善したい」のように抽象的な場合が多い。それを具体化して，統計的なデータを使って解決できるような問題に変えていく段階をいう。

Plan（計画）：問題解決に必要とされるデータの収集方法について検討し，その計画を立てる。この段階でデータを収集したあとにどのように分析するのかをあらかじめ検討しておくことで，データの収集の方法が異なる場合もある。

Data（データ）：データを実際に収集し，整理する。計画通りデータが収集できているか，間違った回答をしているものがないかもチェックする。

Analysis（分析）：目的に応じて，グラフや表に表して，データの特徴や傾向をつかむ。

Conclusion（結論）：問題に対する結論をまとめる。必要に応じで新たな問題を見出すことも考えられる。

学習指導要領では，第5学年と第6学年において，統計的問題解決の方法を知ることが明記されている。しかし，低学年であってもデータを収集し，表やグラフにまとめる作業をする際には，このPPDACサイクルを意識しながら，授業を進めることが望ましい。教師側で与えたデータを用いる場合にも，どのような目的でデータを収集し，分析しようとしているのかを明確にする必要がある。

批判的な考察

統計的な問題解決を行う場合には，必ずしも結論が明確に出るとは限らない。データの特徴や傾向を分析しても立場や捉え方によって異なった結論が導かれる場合や，収集したデータだけでは十分な結論を出せない場合もある。その意味で，PPDACサイクルを批判的に考察することが大切である。例えば，Problemで考えた問題に対して，適切にデータの収集や分析が行われたのかをチェックしたり，分析の結果に基づいて適切な結論を述べているのかをチェックしたりすることが考えられる。また，統計的なデータを用いたニュースや新聞や雑誌の記事を見ても，調査の対象が偏っていたり，本来の傾向とは異なった印象を与えるグラフが用いられたりしている場合もある。そのような場合にも，PPDACサイクルを意識しながら，注意深く記事を読み，その記事の妥当性をチェックすることが求められている。ただし，ここでいう**批判的な考察**は，必ずしも結果を否定するものではなく，データの分析が適切に行われているのかをチェックすることを意味している。

**問題1**　PPDACサイクルで，Problemの役割について述べよ。

**問題2**　クラスの中で忘れ物が多いので，忘れ物を減らしたい。このような問題に対して，どのようにPPDACサイクルを進めていけばよいのかを述べよ。

**問題3**　新聞や雑誌の記事の中で，統計的なデータを用いた記事を見つけ，それを批判的に考察せよ。

# §4　起こりうる場合

## 1　起こりうる場合

４チームでリーグ戦を計画する場合のように，日常生活においても，ある条件を満足する場合(**起こりうる場合**)をすべて列挙する必要があることがある。その際には，落ちや重なりが生じないように列挙することが大切である。そのために，次に挙げる点について気を付ける必要がある。

①　規定された条件をしっかり理解する

②　ただ思いつくままに列挙するのではなく，その中にある規則性を見つけ出し，それをうまく整理する

③　図や表を用いて整理する。

例えば，「４チームが対戦する組み合わせを考える」ときには４つのチームをＡ，Ｂ，Ｃ，Ｄと名付けると，次の図や表に示す方法を用いて，簡潔で明確にすべての場合を落ちや重なりがないように調べていくことができる。

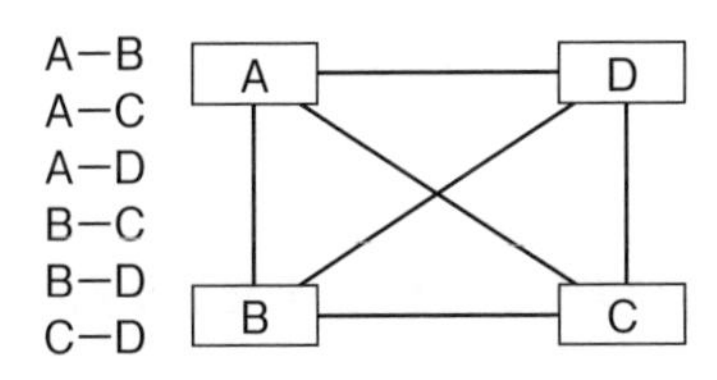


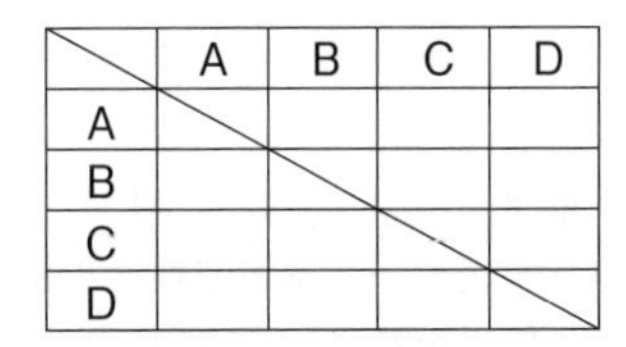

| | A | B | C | D |
|---|---|---|---|---|
| A | | | | |
| B | | | | |
| C | | | | |
| D | | | | |

また，クラスの委員を決める際には，委員長と副委員長を決めるときには二人を区別して考える必要があるが，学習委員２名を決めるときには二人を区別する必要ないことなどについても確認することが大切である。

**問題**　５人の班で班長と副班長を決めたい。このとき，起こりうる場合を図や表を使って表せ。

**引用文献**

1）　小口 祐一他（2012）「中学校第3学年の生徒のグラフ読み取りに関する実態調査」，日本数学教育学会誌，94(7)，pp.2-10

2）　日本統計学会編（2012）「データの分析」，東京図書，p.187,

3）　Wild, C.J. and Pfannkuch M. (1999) Statistical Thinking in Empirical Enquiry, International Statistical Review, Vol. 67(3)，pp.223-265

# 参考文献


## 全体を通じての参考文献

1） 九州算数教育研究会編（1991）『算数科教育の研究と実践』，日本教育研究センター
2） 九州算数教育研究会編（2000）『新・算数科教育の研究と実践』，日本教育研究センター
3） 九州算数教育研究会編（2009）『改訂　算数科教育の研究と実践』，日本教育研究センター
4） 中原忠男編（2000）『算数・数学教育重要用語300の基礎知識』，明治図書
5） 日本数学教育学会編著（1998）『新訂　算数教育指導用語辞典』，教育出版
6） 日本数学教育学会編集（2000）『和英／英和算数・数学用語活用事典』，東洋館出版社
7） 日本数学教育学会編（2010）『数学教育学研究ハンドブック』，東洋館出版社
8） 中原忠男編著（2011）『新しい学びを拓く算数科授業実践の理論と実践』，ミネルヴァ書房
9） 文部科学省（2018）『小学校学習指導要領（平成29年告示）』，東洋館
10） 文部科学省（2018）『小学校学習指導要領解説　算数編』，日本文教出版

## 第１章の参考文献

1） 小倉金之助・鍋島信太郎（1957）『現代数学教育史』，大日本図書
2） 松原元一（1982）（1983）『日本数学教育史算数編（1），2）』，風間書房
3） 赤攝也（1969）『数学のすすめ』，筑摩書房

## 第２章の参考文献

1） C. カミイ，G. デクラーク（著），平林一栄（監訳），井上厚，成田錠一，福森信夫（翻訳）（1987）『子どもと新しい算数：ピアジェ理論の展開』，北大路書房
2） 大谷実（2010）「認識論等に基づく授業づくり」日本数学教育学会『数学教育学研究ハンドブック』，東洋館出版社，pp.182-194
3） 重松敬一，勝美芳雄（2010）「メタ認知」日本数学教育学会『数学教育学研究ハンドブック』，東洋館出版社，pp.310-317

## 第３章の参考文献

1） 金本良通・赤井利行・池野正晴・黒﨑東洋郎編著（2017）『算数科　深い学びを実現させる理論と実践』，東洋館
2） 齊藤一弥編著（2017）『平成29年版　小学校新学習指導要領の展開　算数編』，明治図書
3） 山口武志（2010）「第3章　算数的活動」，数学教育研究会編，『新訂　算数教育の理論と実際』，聖文新社，pp.59-76

## 第４章の参考文献

1） 清水紀宏（2015）「算数科の教材の見方：典型的な教材を例として」，広島大学附属小学校学校教育研究会編，『学校教育』，1174号，pp.6-13
2） 中原忠男編著（2008）『算数科　PISA型学力の教材開発＆授業』，明治図書
3） 中原忠男（1995）『算数・数学教育における構成的アプローチの研究』，聖文社

### 第５章の参考文献

１） 日本数学教育学会編集（2000）『和英／英和　算数・数学用語活用辞典』，東洋館出版社
２） 九州算数教育研究会（2009）『改訂　算数科教育の研究と実践』，日本教育研究センター

### 第６章の参考文献

１） 川嵜道広（2002）「図形概念に関する認識論的研究の展開」，日本数学教育学会第35回数学教育論文発表会論文集，pp.247-252
２） 市川伸一（2001）「イメージと理解」『イメージの世界』，ナカニシヤ出版
３） 杉岡司馬（2003）『「学び方・考え方」を目指す算数指導』，東洋館出版社
４） 杉山吉茂（2008）『初等科数学科教育学序説』，東洋館出版社
５） 坪田耕三（2014）『算数科 授業づくりの基礎・基本』，東洋館出版社
６） 筑波大学附属小学校算数研究部（2016）『算数授業論究Ⅸ「図形」を極める』，東洋館出版社
７） 片桐重男（2012）『算数教育学概論』，東洋館出版社，pp.136-137
８） 黒木哲徳（2009）『入門算数学』，日本評論社，pp.138-139

### 第７章の参考文献

１） 杉山吉茂（2008）『初等科数学科教育学序説』，東洋館出版社
２） 添田佳伸（1997）「測定の段階についての一考察」，『九州数学教育学研究』第４号，pp.1-7
３） 杉岡司馬（2002）「『学び方・考え方』をめざす算数指導」，東洋館出版社
４） 川口延他（1969）『算数教育現代化全書』4　量と測定，金子書房

### 第８章の参考文献

１） 文部科学省（2018）『小学校学習指導要領』，東洋館出版社
２） 文部科学省（2018）『小学校学習指導要領(平成29年告示)解説　算数編』，日本文教出版

### 第９章の参考文献

１） 日本統計学会編（2012）「データの分析」，東京図書
２） Wild, C.J. and Pfannkuch M. (1999) Statistical Thinking in Empirical Enquiry, International Statistical Review, Vol. 67(3), pp.223-265

# 索　引

**執　筆　者**（五十音順）

| | | （執筆担当項目） |
|---|---|---|
| 飯田　慎司 | （福岡教育大学） | はしがき，第１章 |
| 今井　一仁 | （福岡教育大学） | 第３章　§２ |
| 岩田　耕司 | （福岡教育大学） | 第２章　§１ |
| 内田　豊海 | （鹿児島女子短期大学） | 第２章　§３ |
| 川嵜　道広 | （大分大学） | 第６章　§１，§２ |
| 木根　主税 | （宮崎大学） | 第２章　§２ |
| 小田切忠人 | （琉球大学） | 第５章　§３ |
| 米田　重和 | （佐賀大学） | 第４章　§３ |
| 清水　紀宏 | （福岡教育大学） | 第４章　§１，§２ |
| 杉野本勇気 | （元長崎大学） | 第３章　§３ |
| 添田　佳伸 | （宮崎大学） | 第７章 |
| 瀧川　真也 | （元佐賀大学） | 第８章 |
| 中川　裕之 | （元大分大学） | 第６章　§３，§４ |
| 藤井　良宜 | （宮崎大学） | 第９章 |
| 山口　武志 | （鹿児島大学） | 第５章　§１，§２ |
| 和田　信哉 | （鹿児島大学） | 第３章　§１，第５章　§４，§５ |
| 渡邊　耕二 | （宮崎国際大学） | 第６章　§５ |

新訂　算数科教育の研究と実践

発　行　2019年 4 月　　初版　第 1 刷

編集者　九州算数教育研究会
　　　　代表者　飯田　慎司

発行者　岩田　弘之
発行所　㈱日本教育研究センター
　　　　〒540-0026 大阪市中央区内本町 2 丁目3-8
　　　　ダイアパレスビル本町1010号室
　　　　TEL　(06)6937-8000
　　　　FAX　(06)6937-8004

表紙デザイン・DTP　前　克彦

印刷・製本　シナノ書籍印刷㈱


 ISBN978-4-89026-199-4 C3041